AF274719

Instalación y aplicaciones de las cocinas solares

David Pérez Granados

Instalación y aplicaciones de las cocinas solares

David Pérez Granados

Centro de Investigación, Innovación y Desarrollo Tecnológico
(CIIDETEC) – Campus Coyoacán

Instalación y aplicaciones de las cocinas solares

© 2024 David Pérez Granados

Primera edición, 2024

© 2024 MARCOMBO, S. L.
www.marcombo.com

Diseño de cubierta: ENEDENÚ DISEÑO GRÁFICO
Maquetación: Reverté-Aguilar, S. L.
Corrección: Héctor Tarancón
Ilustraciones: Juan Carlos Olvera Granados
Directora de producción: M.ª Rosa Castillo

ISBN: 978-84-267-3843-1
D.L.: B 9514-2024

Impreso en Arteos
Printed in Spain

Libro ecológico
Impreso con papel procedente de bosques gestionados
de manera eficiente, libre de cloro

Para mi hijo

Recuerda siempre que eres mi mayor orgullo

Contenido

Prólogo

La energía solar, fuente inagotable y limpia, es una alternativa viable para afrontar los desafíos energéticos del presente y del futuro. En este contexto, las cocinas solares emergen como una herramienta de gran potencial para mejorar la calidad de vida de millones de personas alrededor del mundo.

Este libro se propone explorar el universo de las cocinas solares profundizando en sus beneficios sociales, económicos y ambientales. Abordaremos desde los principios básicos de funcionamiento hasta las aplicaciones prácticas en diferentes contextos.

Más allá de ser una simple herramienta de cocción, las cocinas solares representan una oportunidad para:

- Combatir la pobreza energética y garantizar el acceso a una energía limpia y sostenible.

- Proteger el medioambiente al reducir la deforestación, las emisiones de gases de efecto invernadero y la contaminación del aire.

Este libro está dirigido a un público amplio, desde estudiantes y profesionales interesados en la energía solar hasta comunidades y organizaciones que busquen soluciones innovadoras para mejorar la calidad de vida de las personas.

A lo largo de sus páginas, se encontrará con información detallada sobre:

- El contexto energético global y la necesidad de buscar alternativas sostenibles.

- Las complicaciones de la utilización de la leña para cocinar y sus impactos en la salud y el medioambiente.

- Los diferentes tipos de cocinas solares y sus principios de funcionamiento.

- Las aplicaciones no culinarias de las cocinas solares, como la deshidratación de alimentos.

- Los beneficios sociales, económicos y ambientales de las cocinas solares.

- Guías prácticas para la instalación, el mantenimiento y el uso de las cocinas solares.

- Ejemplos de experiencias exitosas en la implementación de los programas de cocinas solares.

Dra. Rocío Elizabeth Duarte Ayala
Miembro del Sistema Nacional de Investigadoras
e Investigadores Nivel I
De la Universidad del Valle de México

Agradecimientos

Me siento muy feliz y orgulloso de haber terminado de escribir mi tercer libro. En esta ocasión, el tema principal es la aplicación de la energía solar en las cocinas solares y su responsabilidad social.

Quiero agradecérselo a todas las personas e instituciones que me han apoyado en este proyecto.

En primer lugar, a todo el equipo editorial de Marcombo por su confianza, profesionalidad y colaboración inalcanzable a lo largo de todo el proceso de publicación.

A todo el Centro de Investigación, Innovación y Desarrollo Tecnológico (CIIEDETEC-UVM) por su acompañamiento en este proceso.

Y, por último, a mi familia por su infinita paciencia, por esos intensos momentos de escritura y por brindarme las energías necesarias.

A todos, mi más sincero agradecimiento.

CAPÍTULO 1
Contexto energético de las cocinas solares

1.1. El consumo de energía en el hogar

En el contexto de las cocinas solares, el consumo de energía en el hogar es un tema de gran importancia, ya que el uso de las energías renovables, como la energía solar, puede contribuir a reducir la dependencia de los combustibles fósiles y mejorar la sostenibilidad ambiental (Cárdenas Reyes, 2023). En este apartado, se presentarán tendencias globales y regionales en el consumo de energía en el hogar en Europa y América Latina, así como su impacto en el medioambiente.

1.1.1. Tendencias globales

1.1.1.1. Europa

En Europa se ha observado un aumento en la adopción de tecnologías propias de las energías renovables, lo que incluye a la energía solar. Según el estudio «Las tendencias en el consumo de alimentos recomendados y no recomendados en niños escolares en el período 2010-2018» (Méndez-Balderrama et al., 2023), las regulaciones nacionales sobre las bebidas azucaradas y los alimentos de alto contenido energético entre los niños podrían estar relacionadas con el consumo de alimentos durante el período

2012-2014. Además, se ha registrado un aumento en la adopción de cocinas solares en algunas comunidades rurales e indígenas de Europa, lo que ha llevado a una reducción de la deforestación y la degradación ambiental (Torres Muro et al., 2019a).

1.1.1.2. América Latina

En América Latina, el uso de combustibles fósiles como la leña y el carbón para la cocción de alimentos ha provocado efectos negativos en el medioambiente, como la emisión de CO_2 por combustión, la contaminación atmosférica y sus consecuencias globales (Torres Muro et al., 2019a). Sin embargo, se ha observado un aumento en la adopción de cocinas solares en zonas de escasos recursos hídricos, lo que ha llevado a una reducción de la deforestación y la degradación ambiental (Mealla et al., 2015).

1.1.2. Impacto del consumo energético en el medioambiente

Las tendencias globales y regionales en el consumo de energía en el hogar en España han mostrado un aumento en la adopción de las tecnologías relacionadas con las energías renovables, como la energía solar, en las cocinas solares. Según el estudio «Proyectar a nivel energético: El estándar Passivhaus como Edificio de Consumo Casi Nulo» (Magán Domínguez, 2018), la normativa europea exige que se ponga en práctica la definición de Edificio de Consumo Casi Nulo (ECCN) en los edificios de propiedad privada, En España se ha analizado la naturaleza eficiente de estas medidas en comparación con los principios del Passivhaus, que surgieron en la década de los ochenta y se constituyeron como uno de los estándares de eficiencia energética más relevantes del panorama internacional (Magán Domínguez, 2018).

En Europa, el consumo energético en el hogar ha contribuido a la deforestación y la degradación ambiental, especialmente en países como Alemania, Francia y España, donde la extracción de combustibles fósiles ha sido intensa (Asiaín Fernández, 2017). Sin embargo, la adopción de cocinas solares ha permitido reducir la dependencia de los combustibles fósiles y mejorar la sostenibilidad ambiental (Leandro Valencia-Bautista et al., 2022).

1.2. La problemática global de los hidrocarburos

La problemática global de los hidrocarburos abarca una serie de desafíos significativos que afectan tanto al medioambiente como a la sociedad en su conjunto (Aurora & Larocca, 2022). Desde el año 2018 hasta el 2023, se ha evidenciado una creciente conciencia sobre la dependencia de los combustibles fósiles y los efectos adversos que esta dependencia conlleva (Aurora & Larocca, 2022; Yaneth et al., 2023). En este período, se ha profundizado en la comprensión del impacto ambiental y social derivado de la extracción y el uso de los hidrocarburos, lo que ha impulsado la búsqueda de alternativas más sostenibles y respetuosas con el entorno (Cifuentes et al., 2023; Yaneth et al., 2023).

Durante estos años (2018-2023) se ha observado un aumento en la preocupación por las emisiones de gases de efecto invernadero derivadas de la quema de hidrocarburos, lo que ha llevado a un mayor énfasis en la transición hacia fuentes de energía más limpias y renovables. A nivel global, se ha evidenciado un crecimiento en la implementación de políticas y acuerdos internacionales orientados a reducir la dependencia de los hidrocarburos y mitigar los efectos negativos asociados (Horacio et al., 2023).

Nota clave: La tendencia hacia la descarbonización de la economía ha marcado un cambio significativo en la percepción de los hidrocarburos como fuente principal de energía.

La extracción y el consumo de hidrocarburos han generado efectos ambientales devastadores, como la contaminación del aire, el suelo y el agua, así como la degradación de los ecosistemas naturales. Estos efectos han repercutido directamente en la salud de las poblaciones cercanas a las zonas de extracción y en la biodiversidad de los ecosistemas afectados.

A nivel social, la dependencia de los hidrocarburos ha contribuido al aumento de las desigualdades y los conflictos en diversas regiones del mundo (Cifuentes et al., 2023).

> **Nota clave:** La conciencia sobre la necesidad de reducir la dependencia de los hidrocarburos se ha fortalecido a raíz de la evidencia científica que respalda los efectos negativos de su extracción y uso.

1.2.1. Alternativas sostenibles

Figura 1.1 Representación de las energías sostenibles

La búsqueda de alternativas sostenibles se ha convertido en una prioridad para mitigar los efectos negativos de los hidrocarburos. El desarrollo de tecnologías y políticas orientadas a fomentar el uso de las energías renovables ha cobrado relevancia como una estrategia efectiva para reducir la dependencia de los combustibles fósiles y promover un desarrollo más sostenible a nivel global.

> **Nota clave:** La transición hacia un modelo energético basado en las fuentes renovables representa una oportunidad para abordar los desafíos ambientales y sociales asociados a los hidrocarburos.

1.3. Los problemas de la utilización de la leña

Figura 1.2 Paella al fuego de leña

La utilización de la leña como fuente de energía ha sido una práctica común en muchos hogares a lo largo de la historia, sin embargo, esta elección energética no está exenta de problemas que afectan tanto al medioambiente como a la salud humana (Alvarado Machuca, 2018).

1.3.1. Deforestación y degradación ambiental

La deforestación asociada al uso de la leña conlleva la pérdida de los hábitats naturales, la disminución de la biodiversidad y la alteración de los ciclos ecológicos.

Figura 1.3 Deforestación indiscriminada de la selva

En las regiones donde la leña es la principal fuente de energía, la tala indiscriminada de árboles ha llevado a la fragmentación de bosques, selvas, lo que ha afectado a la flora y fauna locales. Este proceso de deforestación no solo reduce la capacidad de los bosques para absorber dióxido de carbono, lo que contribuye al cambio climático, sino que también compromete la resiliencia de los ecosistemas frente a los eventos extremos y los fenómenos climáticos (Yaneth et al., 2023).

> **Nota clave:** La deforestación generada por la extracción de la leña no solo afecta a la biodiversidad, sino que también concierne a la capacidad de los bosques para regular el clima y mantener la calidad del suelo.

1.3.1.1.   Degradación del suelo y recursos hídricos

La extracción intensiva de leña conlleva la degradación del suelo y la disminución de la calidad de los recursos hídricos. La eliminación de la cobertura forestal para obtener leña expone el suelo a la erosión, lo que reduce su fertilidad y aumentan la vulnerabilidad a la desertificación. Además, la deforestación puede afectar a la disponibilidad y calidad del agua, ya que los bosques desempeñan un papel crucial en la regulación de los ciclos hidrológicos y la protección de las cuencas hidrográficas (Jessika et al., 2022).

Figura 1.4 Degradación del suelo por la tala de un bosque

Nota clave: La degradación del suelo y la disminución de la calidad del agua como consecuencia de la deforestación afectan a la seguridad alimentaria y la sostenibilidad de los ecosistemas.

En síntesis, la deforestación y la degradación ambiental, asociadas a la utilización de la leña como fuente de energía, representan un desafío ambiental y social de gran magnitud. Estos efectos subrayan la necesidad de promover el uso de tecnologías más sostenibles, como las cocinas solares, que no solo reducen la presión sobre los bosques, sino que también contribuyen a la mitigación del cambio climático y la conservación de los ecosistemas naturales (Bustíos et al., 2019; Jessika et al., 2022).

> **Nota clave:** La transición hacia fuentes de energía renovables, como las cocinas solares, es fundamental para abordar la deforestación y promover un desarrollo energético más sostenible y respetuoso con el medioambiente.

1.3.2. Efectos en la salud humana

El uso de la leña como combustible para cocinar tiene implicaciones significativas para la salud humana. La quema de leña produce humo que contiene una variedad de contaminantes dañinos, lo que incluye partículas finas, monóxido de carbono y otros compuestos orgánicos volátiles. Estos contaminantes pueden tener efectos perjudiciales en la salud de las personas expuestas a ellos (Rogelio Pérez-Padilla et al., n.d.).

El humo generado por la quema de leña contiene una variedad de sustancias tóxicas que pueden irritar las vías respiratorias y causar daño pulmonar a largo plazo. Las partículas finas presentes en el humo pueden penetrar profundamente en los pulmones provocando inflamación y daño celular. Esto puede resultar en un mayor riesgo de infecciones respiratorias, aumento de enfermedades preexistentes como el asma, e incluso aumentar la probabilidad de desarrollar cáncer pulmonar en casos crónicos (Vargas Morales & Perez Patiño, 2020).

> **Nota clave:** La exposición al humo de leña se ha relacionado con un mayor riesgo de enfermedades respiratorias agudas y crónicas, lo que subraya la importancia de buscar alternativas más limpias para cocinar.

1.4. ¿Qué es una cocina solar?

Figura 1.5 Cocina solar

Una cocina solar es un dispositivo que aprovecha la energía del Sol para cocinar alimentos de manera sostenible y respetuosa con el medioambiente.

1.4.1. Definición y principios básicos de funcionamiento

Las cocinas solares funcionan bajo el principio de convertir la energía solar en calor utilizable para cocinar. Utilizan diferentes tecnologías, como los reflectores parabólicos o paneles solares, para concentrar la radiación solar en un punto focal donde se coloca la olla o recipiente con los alimentos a cocinar. Este enfoque permite alcanzar temperaturas suficientes para cocinar de manera efectiva, sin emisiones contaminantes ni costes asociados al uso de combustibles convencionales (Zeballos Paz, 2015).

> **Nota clave:** La eficiencia de una cocina solar depende de factores como la intensidad y duración de la radiación solar, el diseño del dispositivo y la calidad de los materiales utilizados.

1.4.2. Beneficios sociales, económicos y ambientales

Las cocinas solares ofrecen una serie de beneficios significativos que tienen efectos positivos en diversos aspectos:

- **Sociales:** facilitan el acceso a una forma segura y saludable de cocinar en comunidades donde el uso de la leña o el carbón puede representar riesgos para la salud (Belmonte et al., 2013).
- **Económicos:** reducen los costes asociados a la compra de combustibles tradicionales, lo que puede suponer un ahorro considerable para los hogares a largo plazo (Belmonte et al., 2013).
- **Ambientales:** contribuyen a la reducción de las emisiones contaminantes y alivian la presión sobre los recursos naturales al no depender de los combustibles fósiles o la madera (Belmonte et al., 2013).

Nota clave: La adopción generalizada de las cocinas solares puede tener un impacto significativo en la reducción de las emisiones de gases de efecto invernadero y en la mejora de la calidad del aire en áreas donde el uso de la leña es común.

CAPÍTULO 2
El Sol como fuente de energía para cocinar

2.1. El Sol como fuente de energía renovable

La energía solar se refiere al aprovechamiento de la radiación electromagnética emitida por el Sol. Dicha radiación, que se desplaza a través del espacio en forma de ondas, contiene una cantidad considerable de energía que es captada por la Tierra. Esta energía es utilizada por diversos dispositivos para su conversión en formas más útiles para los seres humanos, como la electricidad o el calor (López Montero, 2023).

Las cocinas solares utilizan la energía solar térmica, que es una forma de energía solar activa. En lugar de convertir la luz solar en electricidad, como lo hacen las células fotovoltaicas, las cocinas solares capturan y concentran la luz solar para generar calor (Las et al., 2023).

2.1.1. El tiempo solar y su influencia en la radiación

El tiempo solar es una medida del paso del tiempo basada en la posición del Sol en el cielo local. A diferencia del tiempo estándar, que se divide en horas iguales independientemente de la temporada, el tiempo solar varía a lo largo del año debido a la inclinación del eje de la Tierra y su órbita elíptica alrededor del Sol (Monja Cuesta, 2023).

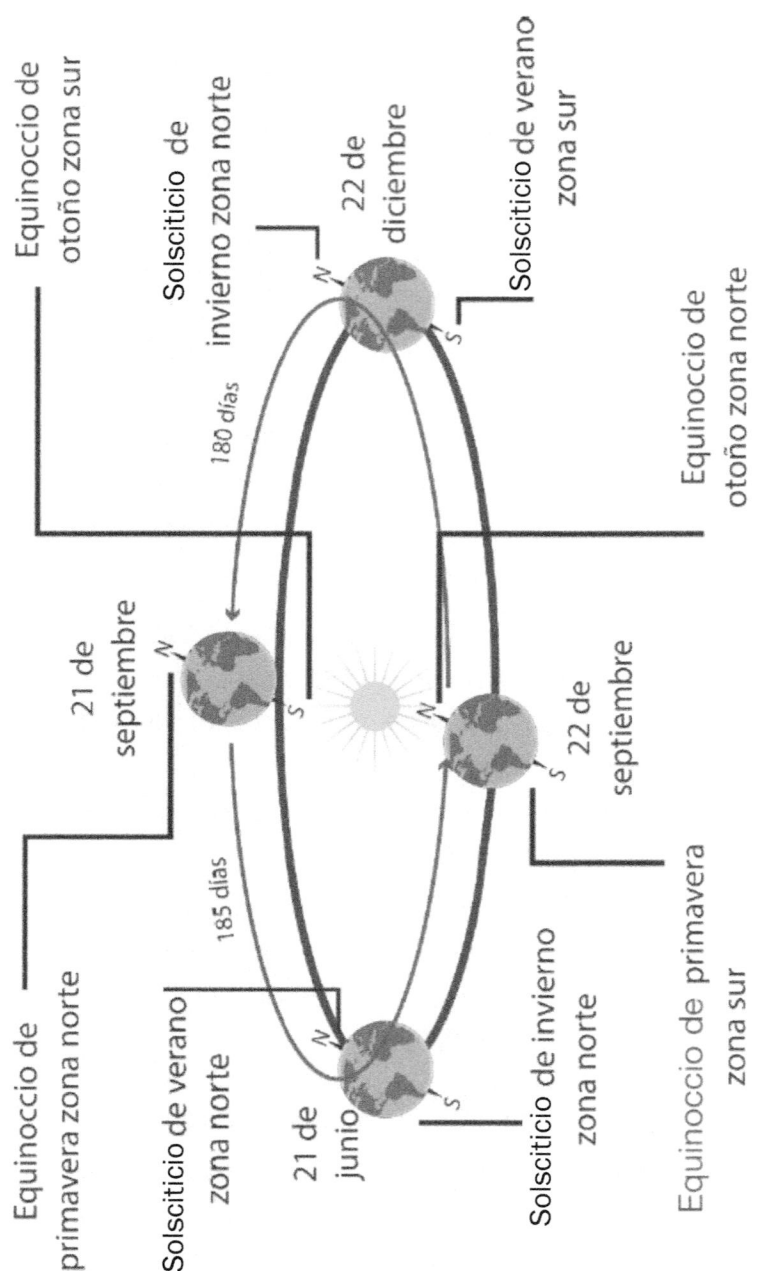

Figura 2.1 Representación de la traslación de la Tierra sin escalas

La influencia del tiempo solar en la radiación es crucial para determinar la cantidad de energía solar disponible en un lugar específico en un momento dado. Factores como la latitud, la altitud, la estación del año y las condiciones climáticas locales afectan directamente a la cantidad de radiación solar que alcanza la superficie terrestre (Monja Cuesta, 2023). Por ejemplo, durante el solsticio de verano, los rayos solares inciden más perpendicularmente sobre la Tierra en latitudes más altas, lo que resulta en una mayor intensidad de radiación solar.

> **Nota clave:** La comprensión del tiempo solar y su relación con la radiación solar es fundamental para optimizar el diseño y el funcionamiento de las cocinas solares, lo que permite una mayor eficiencia en la captación de energía solar para cocinar alimentos de manera sostenible.

Factor	Influencia
Latitud	Una mayor inclinación de los rayos solares en latitudes más bajas resulta en una mayor radiación.
Altitud	A mayor altitud, menor atmósfera que absorba los rayos solares, lo que aumenta la radiación.
Estación del año	Las variaciones estacionales afectan al ángulo e intensidad de los rayos solares incidentes.
Condiciones locales	Los factores climáticos locales como la nubosidad influyen directamente en la radiación recibida.

Tabla 2.1 Influencia del tiempo solar en la radiación

2.1.2. Disponibilidad y accesibilidad de la energía solar

La energía solar, proveniente de la radiación electromagnética emitida por el Sol, se considera una fuente de energía renovable abundante y ampliamente disponible. A nivel global, la cantidad de energía solar que llega a la superficie terrestre es considerablemente mayor a la que se consume. Se estima que el planeta recibe aproximadamente 173 000 teravatios (TW) de energía solar, mientras que el consumo energético global en 2023 se situó alrededor de 18 TW (Apaza Condori, 2023).

Año	Recepción de energía solar (TW)	Consumo energético global (TW)
2018	173	15.6
2019	173	16.2
2020	173	15.8
2021	173	16.3
2022	173	17.3
2023	173	18

Tabla 2.2 Estimación del potencial energético solar global

2.1.2.1. Variabilidad de la irradiación solar

La disponibilidad de la energía solar varía en función de diversos factores, como la latitud, la época del año, las condiciones climáticas y la hora del día (Anderson & Darling, 1952; Babar et al., 2019).

- **Latitud:** las zonas ecuatoriales reciben una mayor cantidad de irradiación solar directa que las zonas polares debido al ángulo de incidencia de los rayos solares (Anderson & Darling, 1952; Babar et al., 2019).
- **Época del año:** la cantidad de energía solar disponible varía según la estación del año. En general, se recibe más irradiación solar en verano y menos en invierno (Anderson & Darling, 1952; Babar et al., 2019).
- **Clima:** las condiciones climáticas, como la nubosidad y la lluvia, afectan a la cantidad de energía solar que llega a la superficie terrestre.
- **Hora del día:** la irradiación solar varía a lo largo del día, es máxima al mediodía y mínima durante la noche (Anderson & Darling, 1952; Babar et al., 2019).

2.1.2.2. Desafíos para la accesibilidad

A pesar de su abundancia, la accesibilidad a la energía solar presenta algunos desafíos:

- **Costes:** la inversión inicial en infraestructura y tecnología solar puede ser considerable, aunque los costes han disminuido significativamente en los últimos años (Gil Hueso, 2023).
- **Intermitencia:** la naturaleza intermitente de la energía solar, debido a la rotación terrestre y las condiciones climáticas, requiere de sistemas de almacenamiento o de integración con otras fuentes de energía (Gil Hueso, 2023).
- **Infraestructura:** la expansión de la energía solar a gran escala requiere de una infraestructura adecuada para la transmisión y distribución de la energía (Gil Hueso, 2023).

2.2. Aplicación del Sol a las cocinas solares

2.2.1. Conversión de la energía solar en energía térmica

La conversión de la energía solar en energía térmica es el principio fundamental que sostiene el funcionamiento de las cocinas solares. Durante estos años, se ha mejorado la eficiencia de este proceso mediante el uso de materiales y tecnologías innovadoras. Por ejemplo, la implementación de materiales reflectores de alta calidad ha permitido maximizar la captación de radiación solar y su transformación en calor para la cocción de alimentos. Esta mejora en la conversión ha llevado a un aumento significativo en la temperatura alcanzada en el interior de las cocinas solares, lo que se traduce en tiempos de cocción más cortos y un uso más eficiente de la energía solar.

> **Nota clave:** La eficiencia en la conversión de la energía solar en energía térmica es crucial para optimizar el rendimiento de las cocinas solares y garantizar una cocción efectiva de los alimentos.

2.2.2. Diseño y funcionamiento de las cocinas solares

En cuanto al diseño y funcionamiento de las cocinas solares, se ha observado una evolución significativa en la incorporación de elementos que maximizan la captación y retención del calor solar. Durante este período, se han desarrollado modelos más compactos y eficientes que permiten una distribución homogénea del calor en el interior de la cocina solar. Además, la implementación de sistemas de seguimiento solar automático ha mejorado la orientación de los colectores solares hacia la fuente de radiación, lo que optimiza la captación de energía solar.

Nota clave: El diseño adecuado de las cocinas solares es fundamental para garantizar un aprovechamiento óptimo de la energía solar y una cocción eficiente de los alimentos.

2.3. Modelos matemáticos para cocinar con energía solar

2.3.1. Cálculo de la cantidad de energía solar necesaria para cocinar

Para determinar la cantidad de energía solar requerida para cocinar, se consideran diversos factores:

- **Calor específico de los alimentos:** la cantidad de energía necesaria para elevar la temperatura de una porción de comida depende de su calor específico. Los alimentos con un alto contenido de agua, como las verduras, requieren menos energía que aquellos con un alto contenido de grasa o proteína.
- **Masa de los alimentos:** la cantidad de energía necesaria es proporcional a la masa de los alimentos a cocinar.
- **Cambio de temperatura deseado:** se debe considerar la diferencia entre la temperatura inicial de la comida y la temperatura final deseada.

- **Eficiencia de la cocina solar:** la eficiencia de la cocina solar varía según su diseño y las condiciones ambientales.

Alimento	Calor específico (J/g °C)
Agua	4.2
Carne	2.0
Arroz	3.5
Verduras	3.8

Tabla 2.3 Calor específico de algunos alimentos

La ecuación 1 muestra cómo realizar el cálculo de la energía solar necesaria para poder cocinar:

$$\text{Energía}(J) = \text{Masa}(g) \cdot \text{Calor específico}\left(\frac{J}{g}°C\right) \cdot \frac{\text{Cambio de temperatura (°C)}}{\text{Eficiencia de la cocina solar}} \qquad (1)$$

Ejemplo:

Se desea cocinar 500 g de arroz con un cambio de temperatura de 20 °C (de 20 °C a 40 °C). La eficiencia de la cocina solar es del 60 %.

Solución:

Masa: 500 g

Calor específico: 3.5 J/g °C

Cambio de temperatura: 20 °C

Eficiencia: 60 %

Energía = 500 g * 3.5 J/g °C * 20 °C / 0.6 = 58 333 J

> **Nota clave:** La cantidad de energía solar necesaria para cocinar puede variar considerablemente dependiendo de los factores mencionados. Es importante realizar un cálculo preciso para asegurar que la cocina solar sea capaz de cocinar la cantidad deseada de alimentos a la temperatura deseada.

2.3.2. Diseño de cocinas solares eficientes

El diseño de cocinas solares eficientes se basa en diversos principios:

- **Maximizar la captación de energía solar:** se utilizan materiales con una alta absortividad, como la pintura negra, para capturar la mayor cantidad de energía solar posible.
- **Minimizar las pérdidas de calor:** se emplean materiales aislantes, como el poliestireno expandido, para evitar la pérdida de calor por conducción, convección y radiación.
- **Optimizar la transferencia de calor al alimento:** se utilizan diferentes técnicas para transferir el calor del colector solar a la comida, como el uso de ollas con fondo negro o la inclusión de un reflector.
- **Orientación y seguimiento solar:** la cocina solar debe orientarse hacia el Sol para maximizar la captación de energía. Se pueden utilizar sistemas de seguimiento solar para optimizar la orientación durante el día.

2.4. Principios de la transferencia de calor

2.4.1. Conducción, convección y radiación

La transferencia de calor es el proceso por el cual la energía térmica se intercambia entre dos sistemas a diferentes temperaturas. En las cocinas solares, la energía solar se captura y se transfiere a la comida a través de tres mecanismos principales: conducción, convección y radiación.

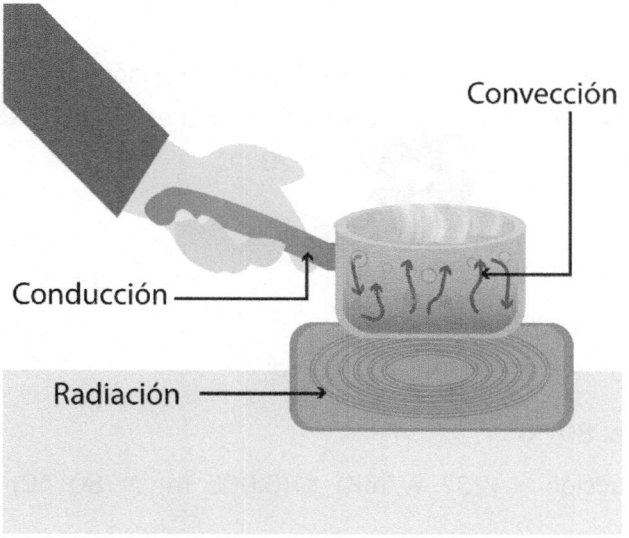

Figura 2.2 Representación de transferencia de calor

2.4.1.1.   Conducción

La conducción es la transferencia de calor a través del contacto directo entre dos materiales. En una cocina solar, la conducción se produce cuando el calor del colector solar se transfiere a la olla o recipiente que contiene la comida. La tasa de transferencia de calor por conducción depende de la conductividad térmica del material, la diferencia de temperatura entre los dos materiales y el área de contacto (Ruiz Rodríguez, 2023).

Material	Conductividad térmica (W/mK)
Cobre	401
Aluminio	237
Acero inoxidable	14
Agua	0.6

Tabla 2.4 Conductividad térmica de algunos materiales

DAVID PÉREZ GRANADOS

Ejemplo:

Considere una olla de aluminio con un fondo de 0.5 cm de espesor y un área de contacto de 0.02 m². La temperatura del fondo de la olla es de 100 °C y la temperatura de la comida dentro de la olla es de 20 °C.

Solución:

Conductividad térmica del aluminio: 237 W/mK

Espesor del fondo de la olla: 0.005 m

Área de contacto: 0.02 m²

Diferencia de temperatura: 80 °C

Flujo de calor por conducción = (237 W/mK) * (0.005 m) * (80 °C) * (0.02 m²) = 37.52 W

> **Nota clave:** La conductividad térmica del material es un factor importante que considerar en el diseño de las cocinas solares. Los materiales con una alta conductividad térmica, como el cobre y el aluminio, son más eficientes para transferir el calor por conducción.

2.4.1.2. Convección

La convección es la transferencia de calor por el movimiento de un fluido (líquido o gas). En una cocina solar, la convección se produce cuando el aire caliente dentro del colector solar se eleva y es reemplazado por aire frío. Este movimiento de aire caliente ayuda a transferir el calor a la comida. La tasa de transferencia de calor por convección depende de la densidad del fluido, la viscosidad del fluido, la diferencia de temperatura entre el fluido y la superficie, y el área de la superficie (Ruiz Rodríguez, 2023).

2.4.1.3. Radiación

La radiación es la transferencia de calor por ondas electromagnéticas. En una cocina solar, la radiación se produce cuando la energía solar incide en el colector solar. La tasa de transferencia de calor por radiación depende de la emisividad del material, la absortividad del material, la diferencia de temperatura entre los dos materiales y el área de la superficie (Martín et al., 2023).

2.4.2. Aplicación de los principios de transferencia de calor en las cocinas solares

El diseño de una cocina solar eficiente debe considerar los tres mecanismos de transferencia de calor para maximizar la transferencia de energía solar a la comida (Singh, 2021). Algunos ejemplos de cómo se aplican estos principios en las cocinas solares son:

- **Uso de materiales con una alta conductividad térmica:** el colector solar y la olla o recipiente que contiene la comida deben estar hechos de materiales con una alta conductividad térmica para facilitar la transferencia de calor por conducción (Chen et al., 2014; Huamani Guisado, 2023).
- **Diseño del colector solar para promover la convección:** el colector solar debe tener una superficie interna con textura para aumentar el área de la superficie y mejorar la convección (Chavez Yujra, 2019).
- **Uso de materiales con alta absorción y emisividad:** el colector solar debe estar hecho de un material con una alta absortividad para capturar la mayor cantidad de energía solar posible y con una alta emisividad para minimizar la reemisión de la energía térmica (Casanova Velásquez, 2022).

Nota clave: La comprensión de los principios de transferencia de calor es fundamental para el diseño y la optimización de las cocinas solares eficientes.

2.5. Radiación solar

La radiación solar es la energía electromagnética que emite el Sol y que llega a la superficie terrestre. Esta energía se puede aprovechar para generar calor o electricidad mediante diferentes tecnologías, como la energía solar térmica. Sin embargo, no toda la radiación solar que sale del Sol llega a la Tierra de la misma forma, sino que se clasifica en tres tipos según su origen y sus características: radiación solar directa, radiación solar difusa y radiación solar reflejada.

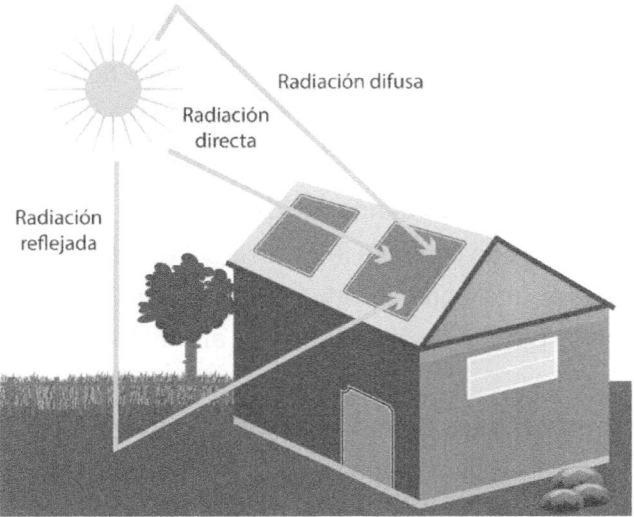

Figura 2.3 Esquema de las diferentes radiaciones

2.5.1. Radiación solar directa

La radiación solar directa es la que llega a la superficie terrestre sin sufrir ningún tipo de dispersión por las partículas atmosféricas. Es la responsable de las sombras definidas que se proyectan sobre los objetos iluminados por el Sol. La radiación solar directa depende de la posición del Sol en el cielo, que varía según la hora del día, la estación del año y la latitud del lugar (Whiteside & Herndon, n.d.). La radiación solar directa se puede aprovechar para generar energía térmica mediante sistemas que concentran los rayos solares en un punto o una línea, como los colectores cilindro-parabólicos, los discos Stirling o las torres solares (Pandey et al., 2022).

Esta radiación se puede modelar mediante la ecuación 2.3 de la ley de Lambert-Beer:

$$I_d = I_0 e^{-\tau} \quad (2.3)$$

Donde:

- I_d es la intensidad de la radiación solar directa en la superficie terrestre.
- I_0 es la intensidad de la radiación solar directa en la parte superior de la atmósfera.
- $e^{(-\tau)}$ es la profundidad óptica, que depende de la distancia que la radiación solar directa debe recorrer a través de la atmósfera antes de llegar a la superficie terrestre.

2.5.2. Radiación solar difusa

La radiación solar difusa es aquella que llega a la superficie terrestre después de ser dispersada por las moléculas o partículas en la atmósfera. Esta dispersión depende de la longitud de onda de la radiación y del tamaño y composición de las partículas que la dispersan (Durand et al., 2021).

La dispersión puede ser de dos tipos, Rayleigh y Mie, como se muestra en la figura 2.4.

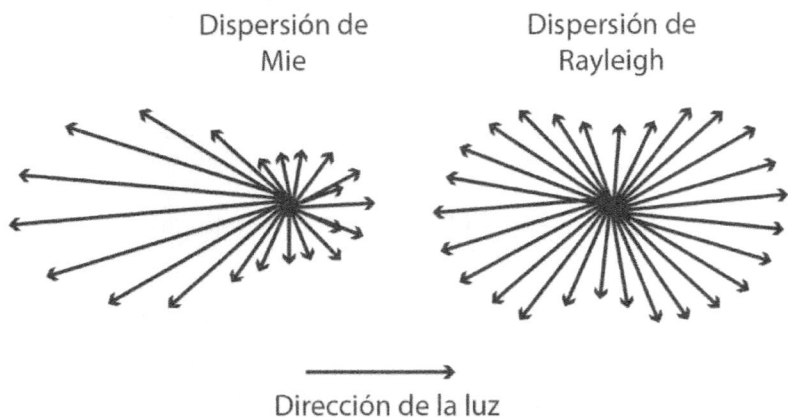

Figura 2.4 Dispersión de partículas Rayleigh y Mie

La dispersión de Rayleigh ocurre cuando el tamaño de las partículas es mucho menor que la longitud de onda de la radiación. En este caso, la dispersión es inversamente proporcional a la cuarta potencia de la longitud de onda, es decir, las longitudes de onda más cortas se dispersan más que las más largas. Esto explica por qué el cielo se ve azul, ya que el azul tiene una longitud de onda menor que el rojo y se dispersa más por las moléculas de aire (Pérez-Vallejo et al., 2022).

2.5.3. Radiación solar reflejada

La radiación solar reflejada es aquella que proviene de la interacción de la radiación solar incidente con la superficie terrestre o con las nubes. La cantidad de radiación reflejada depende del ángulo de incidencia y del tipo de superficie o nube que la recibe (Müller & Pfeifroth, 2022). Por ejemplo, una superficie blanca o brillante refleja más radiación que una superficie oscura o mate. Así, la nieve puede reflejar hasta el 90 % de la radiación que recibe, mientras que el agua o el suelo pueden reflejar entre el 5 % y el 20 % (Amillo et al., 2014).

La radiación reflejada tiene una importancia especial para el aprovechamiento de la energía solar térmica, ya que puede aumentar la cantidad de energía disponible para los sistemas de captación. Por ejemplo, si se instala un colector solar térmico en una zona con nieve, este recibirá no solo la radiación directa y difusa del Sol, sino también la radiación reflejada por la nieve. Esto puede mejorar el rendimiento del colector y reducir los costes de operación (Müller & Pfeifroth, 2022).

2.6. Relación entre la radiación solar, la temperatura y la potencia térmica

La radiación solar es la energía electromagnética emitida por el Sol. En la Tierra, la cantidad de radiación solar que llega a la superficie se mide en vatios por metro cuadrado (W/m²). La radiación solar es la fuente de energía para las cocinas solares (Hanif et al., 2022a).

La temperatura es la medida de la energía cinética media de las partículas en un sistema. En el contexto de las cocinas solares, la temperatura se refiere a la temperatura alcanzada por el recipiente de cocción. Se mide en grados Celsius (°C) o Kelvin (K) (Hanif et al., 2022b; Salameh, 2014).

> **Nota clave:** La eficiencia de una cocina solar es el cociente entre la potencia térmica útil que entrega la cocina y la potencia térmica incidente que recibe del Sol. La eficiencia depende del tipo y del tamaño de la cocina, del ángulo de incidencia de los rayos solares, del clima y de otros factores.

La potencia térmica es la tasa a la que se transfiere la energía térmica. En las cocinas solares, la potencia térmica se refiere a la cantidad de energía solar que se convierte en calor y se utiliza para cocinar (Salameh, 2014).

La relación entre estos tres conceptos se puede expresar mediante la ecuación de la potencia térmica:

$$P = \frac{Q}{t} \quad (2)$$

Donde:

- P es la potencia térmica en vatios (W),
- Q es la cantidad de energía térmica transferida, medida en julios (J), y
- T es el tiempo durante el cual se realiza la transferencia de energía, medido en segundos (s).

En el contexto de una cocina solar, la energía térmica Q es la energía absorbida del Sol, que se puede calcular como el producto de la radiación solar incidente y el área de la superficie que la absorbe:

$$Q = I \cdot A \cdot t \quad (3)$$

Donde:

- I es la radiación solar incidente en vatios por metro cuadrado (W/m²), y
- A es el área de la superficie que absorbe la radiación solar, medida en metros cuadrados (m²).

Por lo tanto, la potencia térmica de una cocina solar se puede expresar como:

$$P = I \cdot A \quad (4)$$

Estos conceptos y ecuaciones son fundamentales para entender cómo funcionan las cocinas solares y cómo se puede medir y evaluar su rendimiento. En las siguientes secciones, discutiremos los métodos e instrumentos para medir la radiación solar incidente y la temperatura de las cocinas solares, así como los criterios y parámetros para evaluar su rendimiento (Hanif et al., 2022b, 2022a; Salameh, 2014).

2.7. Autoevaluación

2.7.1. ¿Qué es la energía solar?

a) La energía generada por la combustión del carbón.

b) La energía producida por el viento.

c) La energía electromagnética emitida por el Sol.

d) La energía proveniente de las corrientes marinas.

2.7.2. ¿Qué tipo de energía utilizan las cocinas solares?

a) Energía eólica

b) Energía hidroeléctrica

c) Energía solar térmica

d) Energía nuclear

2.7.3. ¿Qué es el tiempo solar?

a) Una medida del tiempo basada en la posición de la Luna.

b) Una medida del tiempo basada en la posición del Sol en el cielo local.

c) Una medida del tiempo basada en la rotación de la Tierra.

d) Una medida del tiempo basada en la temperatura atmosférica.

2.7.4. ¿Qué factores influyen en la cantidad de radiación solar que alcanza la superficie terrestre?

a) El color de la superficie terrestre

b) El número de nubes en el cielo

c) La latitud, la altitud, la estación del año y las condiciones climáticas locales

d) La distancia entre la Tierra y la Luna

2.7.5. ¿Cuál es uno de los desafíos para la accesibilidad a la energía solar?

a) La abundancia de recursos solares

b) La intermitencia de la radiación solar

c) La facilidad de integración con otras fuentes de energía

d) La falta de infraestructura para la transmisión y distribución de la energía

2.7.6. ¿Qué principio fundamental sostiene el funcionamiento de las cocinas solares?

a) Conversión de la energía eólica en calor

b) Conversión de la energía solar en electricidad

c) Conversión de la energía solar en energía térmica

d) Conversión de la energía nuclear en calor

2.7.7. ¿Cómo se calcula la cantidad de energía solar necesaria para cocinar?

a) Se utiliza una fórmula que considera la densidad del aire.

b) Se multiplica la masa de la comida por la temperatura ambiente.

c) Se suma la energía solar recibida en un día.

d) Se utiliza una fórmula que considera la masa de la comida, el calor específico y el cambio de temperatura deseado.

2.7.8. ¿Cuál es uno de los principios para diseñar cocinas solares eficientes?

a) Maximizar las pérdidas de calor.

b) Utilizar materiales con una baja conductividad térmica.

c) Minimizar la captación de energía solar.

d) Utilizar materiales con una alta absortividad y emisividad.

2.7.9. ¿Qué es la radiación solar difusa?

a) La radiación que llega a la Tierra sin sufrir dispersión por la atmósfera.

b) La radiación que se refleja en la superficie terrestre.

c) La radiación que llega a la Tierra después de ser dispersada por las moléculas o partículas en la atmósfera.

d) La radiación que se produce cuando la energía solar incide en el colector solar.

2.7.10.   ¿Qué tipo de dispersión ocurre cuando el tamaño de las partículas es mucho menor que la longitud de onda de la radiación?

a) Dispersión de Rayleigh

b) Dispersión de Mie

c) Dispersión de Newton

d) Dispersión de Bohr

2.7.11.   ¿Cuál es la relación entre la radiación solar, la temperatura y la potencia térmica en el contexto de las cocinas solares?

a) La radiación solar es la cantidad de energía térmica transferida en un período de tiempo determinado.

b) La temperatura es la tasa a la que se transfiere la energía térmica.

c) La potencia térmica es la medida de la energía cinética media de las partículas en un sistema.

d) La potencia térmica se calcula como la radiación solar incidente multiplicada por el área de la superficie que la absorbe.

2.7.12.   ¿Cuál es uno de los principios fundamentales para el diseño de cocinas solares eficientes en términos de transferencia de calor?

a) Minimizar la captación de energía solar.

b) Utilizar materiales con una baja conductividad térmica.

c) Maximizar las pérdidas de calor.

d) Orientar la cocina solar hacia el Sol para maximizar la captación de energía.

CAPÍTULO 3
Tipos de cocinas solares

3.1. Cocinas solares

Las cocinas solares son dispositivos que utilizan la energía del Sol para cocinar alimentos, calentar agua o esterilizar utensilios, lo que ofrece una alternativa ecológica, económica y saludable a los combustibles fósiles o la leña, los cuales generan contaminación atmosférica y contribuyen al cambio climático (Lentswe et al., 2017). Además, pueden mejorar la calidad de vida en áreas rurales o aisladas, donde el acceso a la electricidad o el gas es limitado o caro.

Existen varios tipos de cocinas solares, que se diferencian por el principio físico que emplean para captar y concentrar la radiación solar. Algunas funcionan por efecto invernadero, esto es, retienen el calor en una cámara cerrada y transparente donde se coloca la comida, mientras que otras utilizan la reflexión de unos espejos o superficies reflectantes para dirigir los rayos solares hacia un punto focal. Estas últimas suelen alcanzar temperaturas más elevadas, pero requieren un seguimiento más preciso del movimiento del Sol (Gorjian et al., 2022; Lentswe et al., 2017; Sakthivadivel et al., 2021).

Las cocinas solares se pueden clasificar en tres categorías principales: directas, indirectas e híbridas. Las directas exponen la comida directamente a la radiación solar, mientras que las indirectas utilizan un fluido caloportador para transferir el calor desde el colector solar hasta la comida. Las híbridas combinan la energía solar con otra fuente de energía, como la electricidad, el gas o la biomasa (Pandey et al., 2022).

Figura 3.1 Cocina solar

La elección del tipo de cocina solar depende de factores como el clima, la disponibilidad de los materiales, el coste, el uso previsto y las preferencias personales. En términos generales, las cocinas solares directas son más simples y económicas de construir y utilizar, aunque menos eficientes que las indirectas o las híbridas (Lentswe et al., 2017). Estas últimas son más rápidas y eficientes, pero también más caras y dependientes de otras fuentes de energía.

La energía solar térmica, utilizada en las cocinas solares, es una forma renovable, limpia e inagotable de energía que puede ayudar a reducir las emisiones de gases de efecto invernadero y mejorar la seguridad energética. Sin embargo, su aprovechamiento requiere conocimientos técnicos y científicos, así como conciencia ambiental y social.

Nota clave: La energía solar térmica es la conversión directa de la radiación solar en calor útil. Entonces es diferente de la energía solar fotovoltaica, que es la conversión directa de la radiación solar en electricidad, y una de las aplicaciones de este tipo de energía son las cocinas solares.

3.1.1. Principios de funcionamiento

Las cocinas solares utilizan la energía solar para cocinar alimentos, calentar agua o generar vapor basándose en la conversión de la radiación solar en calor mediante el empleo de materiales reflectantes, absorbentes y aislantes (Bhatia, 2014).

El proceso de conversión se puede explicar de la siguiente manera:

- La radiación solar llega a una superficie reflectante, la cual puede tener diversas formas según el tipo de cocina solar (Schindelholz et al., 2024).

- Esta superficie concentra la radiación solar en un punto focal o área reducida, donde se sitúa el recipiente con la comida o agua (Schindelholz et al., 2024).

- El recipiente debe estar fabricado con un material absorbente que pueda captar y transmitir el calor hacia el interior. Además, se cubre con una tapa transparente para evitar la pérdida de calor por convección y permitir el paso de la radiación solar (Lentswe et al., 2017).

- El conjunto formado por el recipiente y la tapa se conoce como la cámara de cocción, la cual debe estar rodeada por un material aislante para minimizar la pérdida de calor por conducción y radiación (Singh, 2021).

La eficiencia de una cocina solar está determinada por varios factores, como la intensidad y la orientación de la radiación solar, el diseño y los materiales utilizados, y el tipo y la cantidad de alimentos o agua a calentar, así como por las condiciones ambientales, entre otras la temperatura, el viento y la humedad (Sakthivadivel et al., 2021).

> **Nota clave:** Las cocinas solares son una alternativa ecológica y económica a las cocinas tradicionales que usan combustibles fósiles o leña, ya que no emiten gases contaminantes ni generan residuos. Además, contribuyen al desarrollo sostenible y a la seguridad alimentaria de las comunidades rurales o aisladas, donde el acceso a otras fuentes de energía es limitado o caro.

3.2. Tipos de cocinas solares

Existen diferentes tipos de cocinas solares según el principio físico que utilizan para concentrar la radiación solar y generar calor (Pandey et al., 2022; Sakthivadivel et al., 2021).

3.2.1. Cocinas solares de concentración

Son aquellas que usan espejos o reflectores parabólicos, cilíndricos o esféricos para concentrar los rayos solares en un punto o una línea, donde se coloca el recipiente con los alimentos. Estas cocinas pueden alcanzar temperaturas muy altas, superiores a los 200 °C, y permiten cocinar rápidamente y hasta freír alimentos. Sin embargo, requieren un seguimiento constante del Sol y una buena orientación para mantener el foco de calor. Además, son más caras y complejas de fabricar que otros tipos de cocinas solares (Gorjian et al., 2022; Sakthivadivel et al., 2021).

3.2.2. Cocinas solares de invernadero

Son aquellas que usan el efecto invernadero para atrapar el calor dentro de una cámara transparente, donde se coloca el recipiente con los alimentos. Estas cocinas pueden alcanzar temperaturas moderadas, entre 80 °C y 150 °C, y permiten cocinar lentamente y conservar los nutrientes y el sabor de los alimentos. No requieren un seguimiento del Sol tan preciso como las cocinas de concentración, pero sí una buena exposición a la radiación directa. Son más baratas y sencillas de fabricar que las cocinas de concentración, pero también más voluminosas y frágiles, por lo general se utilizan para procesos de secado y deshidratación (Mawire et al., 2024)

Figura 3.2 Procesos de deshidratación solar

3.2.3. Cocinas solares directas

Las cocinas solares directas son dispositivos que aprovechan la radiación solar para calentar alimentos o agua sin necesidad de combustibles fósiles o electricidad. Estas cocinas son una alternativa ecológica, económica y saludable para cocinar, ya que reducen la emisión de gases de efecto invernadero, el consumo de recursos no renovables y la exposición a humos nocivos (Pandey et al., 2022).

Con un poco de creatividad e ingenio, se pueden fabricar con materiales reciclados o de fácil acceso y se pueden adaptar a diferentes tipos de alimentos y necesidades. Además, contribuyen a mejorar la salud, la economía y el medioambiente de las personas que las usan.

3.2.3.1. Características y componentes de las cocinas solares directas

Figura 3.3 Cocina solar directa

Las cocinas solares directas se basan en el principio de efecto invernadero, que consiste en atrapar la energía solar dentro de un espacio cerrado y transparente, donde se eleva la temperatura. Las cocinas solares directas tienen tres componentes principales: un reflector, un recipiente y un aislante (Pandey et al., 2022).

1. El reflector es una superficie que refleja la luz solar hacia el recipiente. Puede tener diferentes formas, como plana, cóncava o parabólica, ya que depende del tipo de cocina solar. El material más común para el reflector es el aluminio por su alta reflectividad y bajo coste (Pandey et al., 2022).

2. El recipiente es el lugar donde se colocan los alimentos o el agua que se quieren calentar. Debe ser de color oscuro, preferiblemente negro, para absorber la mayor cantidad de energía solar posible. También debe ser resistente al calor y tener una tapa transparente, que puede ser de vidrio o plástico, para evitar la pérdida de calor por convección (Pandey et al., 2022).

3. El aislante es un material que rodea el recipiente y evita la pérdida de calor por conducción. Puede ser de lana, cartón, corcho, espuma o cualquier otro material que tenga una baja conductividad térmica (Pandey et al., 2022).

3.2.3.2. Ejemplos de modelos de cocinas solares directas: caja, parabólica y panel

Existen varios modelos de cocinas solares directas, cada uno con sus propias ventajas y desventajas.

- Cocina solar de caja

Figura 3.4 Cocina solar de caja

Este modelo es simple y fácil de construir. Consiste en una caja con una tapa de vidrio y reflectores internos que dirigen la luz solar hacia el interior de la caja. Es ideal para cocciones lentas y puede alcanzar temperaturas de hasta 150 °C (Kumar et al., 2022).

- Cocina solar parabólica

Figura 3.5 Cocina solar parabólica

Este modelo utiliza un reflector parabólico para concentrar la luz solar en el recipiente de cocción. Puede alcanzar temperaturas muy altas, lo que permite una cocción rápida. Sin embargo, requiere un seguimiento constante del Sol para mantener el punto focal en el recipiente de cocción (Lentswe et al., 2017).

- Cocina solar de panel

Figura 3.6 Cocina solar de panel

Este modelo utiliza varios paneles reflectantes para dirigir la luz solar hacia el recipiente de cocción. Es más compacto y portátil que los otros modelos, pero no puede alcanzar temperaturas tan altas (Gupta et al., 2021).

3.2.4. Cocinas solares indirectas

Las cocinas solares indirectas son aquellas que utilizan un concentrador solar para captar la radiación solar y dirigirla hacia un receptor, donde se coloca la comida a cocinar. A diferencia de las cocinas solares directas, que funcionan como hornos solares, las cocinas solares indirectas permiten alcanzar temperaturas más altas y cocinar más rápido. Además, tienen la ventaja de que se pueden ubicar en lugares a la sombra o protegidos del viento, lo que mejora la seguridad y el confort del usuario (Pandey et al., 2022).

3.2.4.1. Características y componentes de las cocinas solares indirectas

Las cocinas solares indirectas se caracterizan por su capacidad para almacenar energía, lo que permite su uso incluso cuando el Sol no está brillando. Esto se logra mediante el uso de un fluido de trabajo, que puede ser aire, agua o un aceite especial, que se calienta con la luz solar y luego se almacena en un depósito aislado (Pandey et al., 2022).

Los componentes principales de una cocina solar indirecta incluyen un colector solar, un depósito de almacenamiento y un intercambiador de calor. El colector solar captura la energía solar y la transfiere al fluido de trabajo. El fluido caliente luego se almacena en el depósito de almacenamiento. Cuando se necesita calor para cocinar, el fluido caliente se desplaza a través del intercambiador de calor, donde transfiere su calor a la comida o el agua (Pandey et al., 2022).

3.2.4.2. Materiales y herramientas necesarios para fabricar cocinas solares indirectas

La construcción de una cocina solar indirecta requiere una variedad de materiales y herramientas. Los materiales necesarios incluyen unos componentes para el colector solar, un depósito de almacenamiento para el fluido de trabajo, unas tuberías para transportar el fluido y un intercambiador de calor. Las herramientas necesarias son básicas, de construcción, como un taladro, una sierra, un martillo y destornilladores (Gorjian et al., 2022).

3.2.4.3. Ejemplos de modelos de cocinas solares indirectas: Scheffler

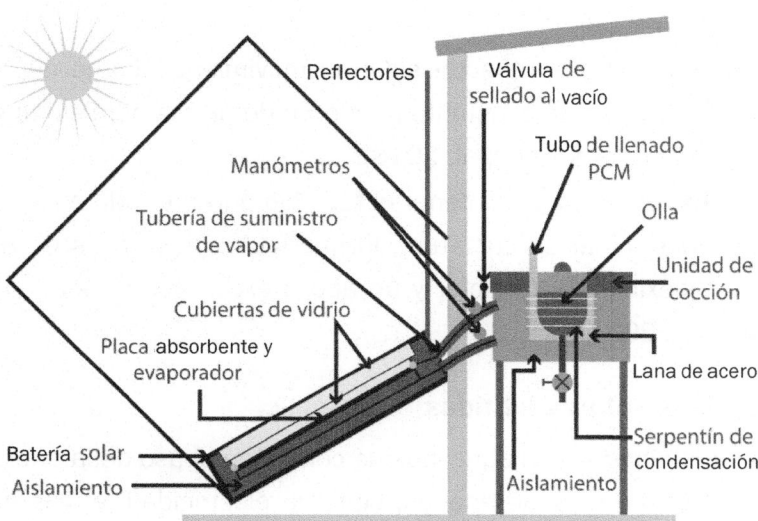

Figura 3.7 Cocina solar Scheffler

Existen varios modelos de cocinas solares indirectas disponibles en el mercado. La más popular es la cocina solar Scheffler (Indora & Kandpal, 2018).

El modelo de cocina solar Scheffler ha supuesto una innovación en el campo de la energía solar térmica. Fue diseñado con el siguiente objetivo: que cocinar con energía solar sea lo más cómodo posible (Indora & Kandpal, 2018).

Sus características son:

- **Reflector parabólico:** el reflector Scheffler es una sección lateral pequeña de un paraboloide redondo bastante más grande. La luz reflejada por esta sección del paraboloide incide lateralmente en el foco ligeramente alejado de esta (Guillet et al., 2024).

- **Foco fijo:** a diferencia de otros modelos, el foco en una cocina Scheffler permanece fijo, lo que facilita la cocción (Indora & Kandpal, 2018).
- **Seguimiento solar:** el reflector sigue el movimiento diurno del Sol mediante una rotación constante alrededor de un eje paralelo al eje de la Tierra (Indora & Kandpal, 2018).
- **Ajuste estacional:** para mantener el foco fijo durante todo el año, el reflector debe variar su curvatura, lo que se logra a través de una estructura flexible del reflector y un apoyo excéntrico de su centro (Guillet et al., 2024).

3.2.5. Cocinas solares híbridas

Las cocinas solares híbridas son aquellas que combinan el uso de la energía solar térmica con otra fuente de energía, como la electricidad, el gas o la biomasa. Estas cocinas tienen la ventaja de poder funcionar en condiciones de baja radiación solar o de noche, lo que amplía su versatilidad y utilidad. Además, pueden reducir el consumo de los combustibles fósiles o la leña, lo que contribuye a disminuir las emisiones de gases de efecto invernadero y la deforestación (Joshi & Jani, 2015).

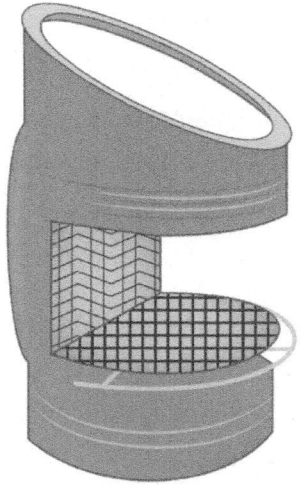

Figura 3.8 Cocina solar híbrida

3.2.5.1. Características y componentes de las cocinas solares híbridas

Las cocinas solares híbridas se basan en el mismo principio que las cocinas solares directas o indirectas: captar la energía solar mediante un colector y concentrarla en un punto focal, donde se coloca el recipiente de cocción. Sin embargo, a diferencia de las otras cocinas solares, las híbridas cuentan con un sistema auxiliar que puede activarse cuando la radiación solar es insuficiente o inexistente. Este sistema puede ser eléctrico, a gas o a biomasa y se encarga de proporcionarle calor adicional al recipiente de cocción (Saxena & Agarwal, 2018).

3.2.6. Consejos prácticos para el uso y mantenimiento de las cocinas solares

Para aprovechar al máximo las cocinas solares, se recomienda seguir algunos consejos prácticos como:

- Elegir un lugar despejado y soleado para colocar la cocina solar evitando las sombras de los árboles, edificios u otros objetos.
- Orientar la cocina solar hacia el Sol y ajustar el ángulo del reflector cada 15 o 20 minutos para mantener una temperatura óptima.
- Usar recipientes de tamaño adecuado para la cantidad de alimentos o agua que se quieren calentar evitando llenarlos demasiado o dejarlos vacíos.
- Cortar los alimentos en trozos pequeños para acelerar el proceso de cocción y distribuirlos uniformemente en el recipiente.
- Añadir agua o caldo a los alimentos secos para evitar que se quemen o se peguen al recipiente.
- Tapar bien el recipiente con la tapa transparente y evitar abrirlo innecesariamente para no perder el calor.
- Limpiar la cocina solar después de cada uso retirando los restos de alimentos o agua y secando bien el recipiente y el reflector.
- Guardar la cocina solar en un lugar seco y protegido de la lluvia, el polvo y los insectos.

3.3. Medición y evaluación del rendimiento de las cocinas solares

Para garantizar la efectividad y la calidad de las cocinas solares, es necesario medir y evaluar su rendimiento bajo diferentes condiciones climáticas y operativas (Schindelholz et al., 2024).

El rendimiento de una cocina solar depende de varios factores, como el diseño, los materiales, la orientación, la inclinación, el tipo y la cantidad de alimentos, el tiempo de cocción, la frecuencia de uso, el mantenimiento y la limpieza. Estos factores influyen en la captación, el almacenamiento y la transferencia de la energía solar térmica a los alimentos o al agua. Por lo tanto, es importante conocer y controlar estos factores para optimizar el rendimiento de las cocinas solares (Schindelholz et al., 2024).

Para medir y evaluar el rendimiento de las cocinas solares se requieren dos tipos de información: la radiación solar incidente y la temperatura de las cocinas solares. La radiación solar incidente es la cantidad de energía solar que llega a una superficie por unidad de área y de tiempo. La temperatura de las cocinas solares es la medida del grado de calor que alcanzan los componentes y los contenidos de las cocinas solares. Estos dos parámetros permiten calcular otros indicadores que reflejan el rendimiento de las cocinas solares, como la eficiencia, la capacidad, la estabilidad y la seguridad (Saxena & Agarwal, 2018; Schindelholz et al., 2024).

La eficiencia de una cocina solar es el porcentaje de la radiación solar incidente que se convierte en energía térmica útil para cocinar o calentar. La capacidad de una cocina solar es la cantidad máxima de alimentos o agua que puede cocinar o calentar en un tiempo determinado. La estabilidad de una cocina solar es la capacidad de mantener una temperatura constante o adecuada para cocinar o calentar durante un período prolongado. La seguridad de una cocina solar es el grado de protección que ofrece contra algunos riesgos, como las quemaduras, los incendios o la contaminación (Kumar et al., 2022; Saxena & Agarwal, 2018).

3.3.1. Criterios y parámetros para evaluar el rendimiento de las cocinas solares: capacidad, estabilidad y seguridad

Para evaluar el rendimiento de las cocinas solares, es necesario definir algunos criterios y parámetros que permitan comparar diferentes diseños y modelos, así como identificar sus ventajas y limitaciones (Kumar et al., 2022). Los principales criterios y parámetros son:

3.3.1.1. Capacidad

Se refiere a la cantidad máxima de comida que se puede cocinar en una sola sesión con la cocina solar. La capacidad depende del volumen del recipiente de cocción, el tipo de comida y el nivel de cocción deseado (Kumar et al., 2022; Saxena & Agarwal, 2018; Schindelholz et al., 2024). La capacidad se puede expresar en unidades de masa (kg) o volumen (L).

3.3.1.2. Estabilidad

Se refiere a la capacidad de la cocina solar para mantener una temperatura constante o cercana a la óptima para la cocción de la comida. La estabilidad depende del diseño de la cocina solar, el aislamiento térmico, el material reflector, la orientación e inclinación de la cocina solar, las condiciones ambientales, etc. La estabilidad se puede medir mediante la desviación estándar o el coeficiente de variación de la temperatura registrada durante la sesión de cocción (Kumar et al., 2022; Saxena & Agarwal, 2018; Schindelholz et al., 2024).

3.3.1.3. Seguridad

Se refiere al grado de protección que ofrece la cocina solar frente a posibles riesgos para la salud o el medioambiente. La seguridad depende del tipo de cocina solar, el material reflector, el recipiente de cocción, el manejo y almacenamiento de la cocina solar, etc. Algunos aspectos a considerar son:

- Evitar quemaduras por contacto con superficies calientes o por exposición a la radiación solar concentrada.

- Evitar incendios por ignición de materiales inflamables cercanos a la cocina solar.
- Evitar la contaminación por uso de materiales tóxicos o corrosivos en la cocina solar o en el recipiente de cocción.
- Evitar daños por golpes o caídas de la cocina solar o del recipiente de cocción.

3.4. Aplicaciones no culinarias de las cocinas solares

Las cocinas solares, aunque comúnmente asociadas con la cocción de comida, tienen una variedad de aplicaciones no culinarias que aprovechan su capacidad para convertir la energía solar en calor. En esta sección, exploraremos algunas de estas aplicaciones incluyendo la deshidratación y la conservación de alimentos, la producción de biocombustibles y biogás, además de la producción de electricidad y otras aplicaciones térmicas.

3.4.1. Uso de las cocinas solares para la deshidratación y conservación de alimentos

La deshidratación es un método tradicional para conservar los alimentos que consiste en eliminar el agua que contienen mediante calor, lo que evita el crecimiento de microorganismos que los deterioren. La deshidratación puede realizarse con fuentes de calor artificiales, como hornos o estufas, o con fuentes naturales, como el Sol. Las cocinas solares pueden utilizarse para deshidratar alimentos de forma sencilla, económica y ecológica, ya que no requieren combustible ni emiten gases contaminantes.

Para deshidratar alimentos con una cocina solar se deben seguir los siguientes pasos:

- Seleccionar los alimentos que se quieren deshidratar, preferiblemente frescos y maduros, y lavarlos bien.
- Cortar los alimentos en trozos pequeños y uniformes para facilitar el proceso de deshidratación y reducir el tiempo necesario.

- Colocar los alimentos en bandejas o rejillas dentro de la cocina solar dejando espacio entre ellos para que circule el aire caliente.
- Orientar la cocina solar hacia el Sol y cerrarla bien para evitar la entrada de insectos o polvo.
- Controlar el proceso de deshidratación revisando, periódicamente, el estado de los alimentos y girando la cocina solar según el movimiento del Sol.
- Retirar los alimentos cuando estén secos y crujientes, lo que puede tardar entre cuatro y ocho horas dependiendo del tipo de comida, la temperatura y la humedad ambiental.
- Almacenar los alimentos deshidratados en recipientes herméticos y en un lugar fresco y seco.

Los alimentos deshidratados con una cocina solar pueden conservarse durante meses sin perder sus propiedades nutritivas ni su sabor. Algunos ejemplos de alimentos que se pueden deshidratar con este método son las frutas, las verduras, las hierbas aromáticas, las carnes, los pescados y los lácteos.

3.5. Aspectos socioeconómicos y ambientales de las cocinas solares

3.5.1. Análisis del coste-beneficio de las cocinas solares frente a otras fuentes de energía para la cocción

Uno de los aspectos más relevantes para evaluar la viabilidad comercial de las cocinas solares es el análisis del coste-beneficio que implica su uso frente a otras fuentes de energía para la cocción como la leña, el gas o la electricidad. Este análisis debe considerar tanto los costes iniciales como los costes operativos y de mantenimiento de cada opción, así como los beneficios que se obtienen en términos de ahorro, eficiencia y rentabilidad.

El coste inicial de una cocina solar depende del tipo, el tamaño, los materiales y la calidad del dispositivo. Según un estudio realizado por el Programa de

Naciones Unidas para el Desarrollo (PNUD) en 2012, el coste medio de una cocina solar parabólica era de 150 dólares estadounidenses (USD), mientras que el coste medio de una cocina solar tipo caja era de 50 USD. Estos costes pueden variar según el país, la disponibilidad y el acceso a los materiales y la mano de obra. Por ejemplo, en algunos países se han desarrollado modelos locales de cocinas solares con materiales reciclados o de bajo coste, lo que reduce significativamente el precio inicial.

El coste operativo y de mantenimiento de una cocina solar es muy bajo o nulo, ya que no requiere combustible ni conexión eléctrica para funcionar. Solo se necesita limpiar periódicamente el reflector o la superficie colectora para mantener su eficiencia, y reparar o reemplazar alguna pieza en caso de daño o deterioro. Estos costes son mínimos en comparación con los costes asociados al uso de otras fuentes de energía para la cocción, como se muestra en la tabla 3.1:

Fuente de energía	Coste operativo (unidad monetaria)	Coste de mantenimiento (unidad monetaria)
Cocina solar	0	5
Leña	120	10
Gas	180	15
Electricidad	240	20

Tabla 3.1 Comparación de fuentes de energía

El uso de cocinas solares en lugar de otras fuentes de energía para cocinar conlleva beneficios en términos de ahorro, eficiencia y rentabilidad. El ahorro se refiere a la reducción de gastos en combustible o electricidad al emplear una cocina solar. La eficiencia se relaciona con el óptimo aprovechamiento de la energía solar para cocinar sin desperdiciar recursos. La rentabilidad se vincula al retorno económico obtenido al utilizar una cocina solar, especialmente en actividades comerciales.

Nota clave: Las cocinas solares portátiles suelen ser las más asequibles, mientras que las cocinas solares de disco parabólico tienden a ser más caras debido a su mayor capacidad de concentración de calor. Además del coste inicial de compra, las cocinas solares tienen costes de operación muy bajos, ya que utilizan la energía solar gratuita.

3.5.2. Impacto de las cocinas solares en la reducción del consumo de leña, gas y electricidad

3.5.2.1. Consumo de leña

Figura 3.9 Cocción de comida usando leña

La leña, siendo una fuente crucial en muchas regiones, conlleva problemas significativos como la deforestación y la degradación del suelo. Las cocinas solares ofrecen una solución sostenible al reducir la dependencia de la leña. Se ha observado una reducción del 60 % en el consumo de leña con el uso de cocinas solares. Esto no solo tiene un impacto positivo en la conservación de los bosques, sino que también contribuye a la mitigación de problemas de salud asociados con la inhalación de humo derivado de la quema de leña.

3.5.2.2. Consumo de gas y electricidad

El gas natural y la electricidad son fuentes comunes para la cocción en las áreas urbanas, pero ambos presentan desafíos medioambientales. Las cocinas solares ofrecen una alternativa reduciendo el consumo de gas y electricidad de manera significativa. Estudios, como el realizado en España, indican una reducción del 70 % en el consumo de energía al optar por cocinas solares en lugar de cocinas eléctricas. Esto no solo disminuye las emisiones de gases de efecto invernadero, sino que también promueve la transición hacia fuentes de energía más limpias y renovables.

Tipo de energía	Impacto en el consumo
Leña	60-80 % de reducción
Gas	60-80 % de reducción
Electricidad	30-60 % de reducción

Tabla 3.2 Impacto del consumo de gas

3.5.3. Impacto de las cocinas solares en la disminución de las emisiones de gases de efecto invernadero y la contaminación del aire

Las cocinas solares son dispositivos que aprovechan la energía del Sol para calentar alimentos y agua sin la necesidad de los combustibles fósiles o la electricidad. Estas cocinas tienen un gran potencial para reducir las emisiones de gases de efecto invernadero (GEI) y la contaminación del aire, que son dos de los principales problemas ambientales que enfrenta el mundo actualmente (De Posgrado et al., 2023).

Los GEI son aquellos gases que atrapan el calor en la atmósfera y contribuyen al calentamiento global, como el dióxido de carbono (CO_2), el metano (CH_4), el óxido nitroso (N_{2O}) y los clorofluorocarbonos (CFC). Estos gases se emiten principalmente por la quema de combustibles fósiles, como el petróleo, el gas natural y el carbón, que se utilizan para generar electricidad, transportar vehículos y calefaccionar edificios. También se emiten por la deforestación, la agricultura y la ganadería, que liberan CO_2 y CH_4 al ambiente (De Posgrado et al., 2023; Torres Muro et al., 2019a).

> **Nota clave:** Las cocinas solares también pueden reducir las emisiones de gases de efecto invernadero y contaminantes atmosféricos indirectamente al disminuir la demanda de leña para la cocción. Esto puede evitar la deforestación y la degradación de los bosques, que son importantes sumideros de carbono y proveedores de servicios ecosistémicos. Además, al reducir la presión sobre los recursos forestales, las cocinas solares pueden favorecer la conservación de la fauna silvestre, que a menudo es cazada para obtener carne o leña.

3.5.4. Impacto de las cocinas solares en la mejora de la salud, la nutrición

Las cocinas solares no solo son una alternativa eficiente y ecológica para la cocción de alimentos, sino que también pueden tener beneficios significativos para la salud y la nutrición de las personas que las utilizan. En este apartado se analizarán algunos de estos beneficios, basados en evidencias científicas y experiencias prácticas (Castagnino et al., n.d.; Torres Muro et al., 2019a).

Uno de los principales beneficios de las cocinas solares es que reducen la exposición a los humos y partículas contaminantes que se generan al quemar los combustibles fósiles o la biomasa, como la leña, el carbón o el estiércol. Estos humos pueden causar enfermedades respiratorias, cardiovasculares, oculares y cáncer, especialmente en las mujeres y los niños que pasan más tiempo cerca del fuego. Según la Organización Mundial de la Salud (OMS), alrededor de cuatro millones de personas mueren cada año por enfermedades atribuibles a la contaminación del aire en interiores. Las cocinas solares eliminan este riesgo, ya que no producen humo ni cenizas y solo requieren de la radiación solar para funcionar (Padonou et al., 2022; Vanessa & Castillo, 2023).

Otro beneficio de las cocinas solares es que pueden mejorar la calidad y el valor nutricional de los alimentos que se cocinan con ellas. Algunos estudios han demostrado que las cocinas solares permiten conservar mejor las vitaminas, los minerales y los antioxidantes de los alimentos, ya que se cocinan a temperaturas más bajas y por más tiempo que con otros métodos. Además, las cocinas solares evitan la pérdida de agua y nutrientes por evaporación o lixiviación, lo que puede aumentar el rendimiento y el sabor de los alimentos (Padonou et al., 2022). Por otro lado, las cocinas solares pueden ampliar la variedad y la diversidad de los alimentos que se pueden preparar al permitir cocinar cereales, legumbres, verduras, frutas, carnes, huevos, lácteos y otros productos que quizás no sean accesibles o asequibles con otros combustibles. Esto puede contribuir a mejorar la seguridad alimentaria y la dieta de las personas, especialmente en las zonas rurales o aisladas, donde hay escasez o limitaciones de recursos energéticos (Pradhan Shrestha et al., 2023).

Un tercer beneficio de las cocinas solares es que pueden favorecer el empoderamiento y el bienestar de las mujeres y las niñas, que suelen ser las principales responsables de la recolección de la leña y la preparación de los alimentos en muchas comunidades. Al usar las cocinas solares, estas mujeres y niñas pueden ahorrar el tiempo, dinero y esfuerzo que antes dedicaban a estas tareas y emplearlo en otras actividades productivas, educativas o recreativas. Asimismo, pueden evitar los riesgos asociados a la recolección de leña, como los accidentes, las lesiones, la violencia o los conflictos por el acceso al recurso. Además, pueden participar más activamente en la toma de decisiones sobre el uso y el manejo de la energía en sus hogares y comunidades, lo que puede mejorar su autoestima y su liderazgo (Pradhan Shrestha et al., 2023).

3.6. Autoevaluación

3.6.1. ¿Cuál es una característica de las cocinas solares de concentración?

a) Utilizan el efecto invernadero para atrapar el calor.

b) Pueden alcanzar temperaturas superiores a los 200 °C.

c) Son más económicas y sencillas de fabricar que otros tipos de cocinas solares.

d) No requieren un seguimiento constante del Sol.

3.6.2. ¿Qué tipo de cocina solar utiliza el efecto invernadero para atrapar el calor?

a) Cocinas solares de concentración

b) Cocinas solares indirectas

c) Cocinas solares directas

d) Cocinas solares híbridas

3.6.3. ¿Cuál es un componente principal de las cocinas solares directas?

a) Un colector solar

b) Un depósito de almacenamiento

c) Un intercambiador de calor

d) Un reflector

3.6.4. ¿Cuál es una característica de las cocinas solares híbridas?

a) No requieren otro tipo de energía para funcionar.

b) Tienen un seguimiento constante del Sol.

c) Pueden funcionar en condiciones de baja radiación solar.

d) Utilizan únicamente la electricidad como fuente de energía auxiliar.

3.6.5. ¿Qué aspecto no se recomienda para optimizar el uso de las cocinas solares?

a) Colocar la cocina en un lugar despejado y soleado.

b) Ajustar el ángulo del reflector cada 15 o 20 minutos.

c) Usar recipientes más grandes que la cantidad de alimentos.

d) Tapar bien el recipiente con la tapa transparente.

3.6.6. ¿Qué parámetro se utiliza para evaluar la capacidad de una cocina solar?

a) La desviación estándar de la temperatura

b) La cantidad máxima de alimentos que puede cocinar

c) La eficiencia en la conversión de la energía solar

d) La cantidad de radiación solar incidente

3.6.7. ¿Cuál es uno de los beneficios del uso de las cocinas solares en lugar de otras fuentes de energía para cocinar?

a) Mayor dependencia de combustibles fósiles

b) Mayor emisión de gases contaminantes

c) Menor coste operativo y de mantenimiento

d) Mayor consumo de los recursos no renovables

3.6.8. ¿Qué tipo de impacto tienen las cocinas solares en el consumo de leña?

a) Aumentan el consumo de leña.

b) No tienen un impacto en el consumo de leña.

c) Reducen el consumo de leña.

d) No es posible determinarlo.

3.6.9. ¿Qué tipo de impacto tienen las cocinas solares en la disminución de las emisiones de gases de efecto invernadero?

a) Aumentan las emisiones de gases de efecto invernadero.

b) No tienen un impacto en las emisiones de gases de efecto invernadero.

c) Reducen las emisiones de gases de efecto invernadero.

d) No es posible determinarlo.

CAPÍTULO 4
Instalación y mantenimiento de las cocinas solares

4.1. Guía para la instalación de una cocina solar

La instalación de una cocina solar es un proceso fundamental para aprovechar de manera eficiente la energía solar en la cocción de los alimentos. Para garantizar un desempeño óptimo, es crucial seguir una serie de pasos precisos que abarcan desde la ubicación y orientación ideales hasta las precauciones de seguridad durante la instalación (Gupta et al., 2021).

4.1.1. Ubicación y orientación ideal

La ubicación y orientación de una cocina solar son factores críticos para su eficiencia y funcionalidad. Aquí se proporciona una guía detallada sobre cómo seleccionar la ubicación ideal y orientar correctamente una cocina solar.

4.1.1.1. Ubicación

La ubicación ideal para una cocina solar es un lugar que reciba la luz solar directa durante la mayor parte del día. Debe estar libre de las sombras de edificios, árboles u otros objetos que puedan bloquear la luz solar. Además, el lugar debe ser lo suficientemente amplio para acomodar la cocina solar y permitir un fácil acceso para la limpieza y el mantenimiento (Venier et al., 2013).

> **Nota clave:** La selección cuidadosa del lugar y la orientación de una cocina solar son pasos fundamentales para su éxito y eficiencia en la captación de energía solar para la cocción de alimentos.

4.1.1.2. Orientación

Para determinar la orientación adecuada para la instalación de una cocina solar, es fundamental considerar la ubicación geográfica y las condiciones específicas del entorno. Una forma común de determinar la orientación óptima es hacia el sur en el hemisferio norte y hacia el norte en el hemisferio sur, lo que permite que los colectores solares reciban la máxima radiación solar durante el día (Larreana & Ibarrola, 2023). Además, se pueden utilizar herramientas como brújulas solares o aplicaciones móviles especializadas que calculan la posición del Sol en función de la ubicación y la hora del día. Estas herramientas proporcionan información precisa sobre la trayectoria solar y ayudan a identificar la mejor orientación para maximizar la captación de energía solar (Larreana & Ibarrola, 2023). Otro enfoque consiste en evaluar posibles obstrucciones, como árboles o edificaciones, que puedan proyectar sombras sobre los paneles solares y afectar a su rendimiento. En resumen, la determinación de la orientación adecuada para una cocina solar implica considerar la ubicación geográfica, utilizar herramientas especializadas para calcular la posición del Sol y evaluar las posibles obstrucciones que puedan afectar a la exposición directa a la radiación solar (Schindelholz et al., 2024).

Además de la ubicación y la orientación, hay otras consideraciones importantes al instalar una cocina solar. Estas incluyen la seguridad del lugar de instalación, la disponibilidad de materiales de limpieza y mantenimiento, y la facilidad de acceso a la cocina solar (Guillet et al., 2024).

> **Nota clave:** La orientación de la cocina solar deben ajustarse periódicamente para seguir el movimiento del Sol a lo largo del año.

4.1.2. Montaje y ensamblaje de los componentes

El montaje y ensamblaje de los componentes en la instalación de una cocina solar son etapas críticas que requieren precisión y cuidado para garantizar el funcionamiento óptimo del sistema. Desde la disposición de los elementos hasta la conexión adecuada de cada parte, cada paso es fundamental para asegurar la eficiencia y seguridad de la cocina solar (Guillet et al., 2024).

> **Nota clave:** El montaje preciso y el ensamblaje cuidadoso de los componentes son fundamentales para el funcionamiento eficiente y seguro de una cocina solar, lo que maximiza su contribución a la utilización sostenible de la energía solar.

4.1.2.1. Disposición de los componentes

El primer paso en el montaje de una cocina solar es la disposición estratégica de los componentes. Los colectores solares deben ubicarse en un lugar expuesto directamente al Sol siguiendo la orientación ideal determinada previamente. Es crucial asegurarse de que no haya obstrucciones que puedan bloquear la radiación solar y afectar al rendimiento del sistema. Además, se deben considerar factores como la inclinación de los paneles para maximizar la captación de energía solar (Belmonte et al., 2013).

> **Nota clave:** La correcta disposición y ensamblaje de los componentes son pasos esenciales para garantizar la eficiencia y seguridad en el funcionamiento de una cocina solar, lo que contribuye a la promoción activa de las energías renovables.

4.1.2.2. Ensamblaje preciso

El ensamblaje de los componentes requiere una atención meticulosa a cada detalle. Desde la fijación de los colectores solares hasta la conexión de las tuberías y los depósitos, es fundamental seguir las instrucciones del fabricante para garantizar un montaje correcto. Cada componente debe ser instalado con precisión y asegurado adecuadamente para evitar fugas o daños durante el funcionamiento (Casanova Velásquez, 2022).

4.1.3. Seguridad y precauciones durante la instalación

Durante la instalación de las cocinas solares, es fundamental seguir unas estrictas medidas de seguridad para garantizar un proceso sin contratiempos y proteger a los instaladores y usuarios. La seguridad en la instalación de estos sistemas es crucial para evitar accidentes y asegurar un funcionamiento óptimo a lo largo del tiempo.

4.2. Mantenimiento de las cocinas solares

El mantenimiento de las cocinas solares es un componente crítico para asegurar su funcionamiento eficiente y prolongar su vida útil.

4.2.1. Reparaciones básicas y solución de problemas

El mantenimiento adecuado de las cocinas solares es crucial para asegurar su eficiencia y durabilidad. La limpieza y cuidado de los componentes son tareas que deben realizarse con regularidad y atención al detalle. Comenzando con la superficie del colector solar, es fundamental mantenerla libre de suciedad y obstrucciones para optimizar la absorción de la radiación solar. Se recomienda una limpieza periódica utilizando agua destilada y un paño suave para evitar rayaduras que puedan afectar a la eficiencia del colector. Además, es importante comprobar la integridad de los sellos y las juntas para prevenir la entrada de humedad, que podría causar daños internos (Khatri et al., 2021).

En cuanto a los reflectores, estos deben ser pulidos con productos específicos para mantener su capacidad de reflejar la luz de manera efectiva. Es vital que estos productos no contengan abrasivos que puedan dañar la superficie reflectante. Por otro lado, el área de cocción debe ser limpiada después de cada uso para evitar la acumulación de residuos de alimentos, que no solo pueden atraer plagas, sino también disminuir la eficiencia térmica (Khatri et al., 2021; Saxena & Agarwal, 2018).

Es esencial realizar inspecciones regulares de los componentes estructurales de la cocina solar, como el soporte y la base, para asegurar que no haya corrosión ni debilitamiento del material. En las zonas costeras, donde la salinidad del aire es mayor, estas inspecciones deben ser más frecuentes debido al riesgo incrementado de corrosión (Sakthivadivel et al., 2021).

> **Nota clave:** La utilización de una cubierta protectora cuando la cocina solar no está en uso puede prolongar significativamente la vida útil de los componentes, lo que los protege de las inclemencias del tiempo y la acumulación de polvo y suciedad.

4.3. Autoevaluación

4.3.1. ¿Cuál es un factor crítico para la eficiencia y funcionalidad de una cocina solar?

a) El tipo de alimentos cocinados

b) La ubicación y orientación adecuadas

c) La frecuencia de limpieza

d) La marca del fabricante

4.3.2. ¿Cuál es un requisito importante para la ubicación ideal de una cocina solar?

a) Recibir la sombra de los edificios

b) La disponibilidad de materiales de limpieza

c) Amplio acceso para el mantenimiento

d) Luz solar directa durante la mayor parte del día

4.3.3. ¿Cuál es una forma común de determinar la orientación óptima para una cocina solar?

a) Orientación hacia el norte en el hemisferio norte

b) Utilizar brújulas solares o aplicaciones móviles especializadas

c) Aleatorizar la orientación.

d) No es necesario considerar la orientación.

4.3.4. ¿Qué se debe considerar al determinar la orientación adecuada para una cocina solar?

a) La hora del día

b) La marca del fabricante

c) La disponibilidad de materiales de limpieza

d) Las condiciones climáticas

4.3.5. ¿Cuál es un paso crítico en el montaje de una cocina solar?

a) Instalar los componentes sin seguir las instrucciones.

b) Asegurar la presencia de obstrucciones.

c) La disposición estratégica de los componentes.

d) Evitar la limpieza regular.

4.3.6. ¿Qué se debe evitar durante el ensamblaje de los componentes de una cocina solar?

a) La conexión adecuada de cada parte.

b) Seguir las instrucciones del fabricante.

c) La fijación meticulosa de los colectores solares.

d) Los daños durante el funcionamiento.

4.3.7. ¿Por qué es crucial seguir unas estrictas medidas de seguridad durante la instalación de las cocinas solares?

a) Para optimizar la absorción de la radiación solar.

b) Para evitar accidentes y asegurar un funcionamiento óptimo.

c) Porque es opcional.

d) Para reducir los costes de instalación.

4.3.8. ¿Qué tarea es crucial para asegurar la eficiencia y durabilidad de las cocinas solares?

a) No realizar un mantenimiento.

b) Realizar inspecciones regulares de los componentes.

c) No limpiar la superficie del colector solar.

d) No comprobar la integridad de los sellos y juntas.

 DAVID PÉREZ GRANADOS

CAPÍTULO 5
Aplicaciones de las cocinas solares

5.1. Usos domésticos

5.1.1. Cocción de alimentos en cocinas solares vs cocinas convencionales

La transición hacia fuentes de energía renovables es un pilar fundamental en el desarrollo sostenible. Dentro de este contexto, las cocinas solares representan una alternativa innovadora y ecológica frente a las cocinas convencionales. Estos dispositivos utilizan la energía del Sol para generar calor, lo que permite cocinar alimentos sin la necesidad de combustibles fósiles (Sagade et al., 2023).

La cocción de alimentos en cocinas solares representa una alternativa sostenible y eficiente frente a las cocinas convencionales, especialmente en las regiones donde la radiación solar es abundante. Las cocinas solares utilizan el principio de la concentración de rayos solares para generar calor, lo cual se logra mediante superficies reflectantes que dirigen la energía solar hacia un punto focal, donde se coloca la comida. Este método no solo elimina la necesidad de los combustibles fósiles o la biomasa, sino que también reduce la emisión de gases nocivos y la deforestación asociada a la recolección de leña (Mealla et al., 2015).

Nota clave: La eficiencia de una cocina solar está directamente relacionada con su diseño y la formación de los usuarios. Es esencial que los programas de implementación incluyan un fuerte componente educativo para asegurar la adopción y el uso correcto de estas tecnologías.

Comparativamente, las cocinas convencionales dependen de la combustión del gas, la electricidad o la biomasa para generar calor, procesos que pueden ser menos eficientes energéticamente y más contaminantes. Además, el coste operativo de las cocinas solares es significativamente menor a largo plazo, ya que la fuente de energía, el Sol, no tiene coste y requiere un mínimo mantenimiento. Sin embargo, la eficacia de las cocinas solares puede verse limitada por las condiciones climáticas, lo que requiere métodos de almacenamiento de calor o sistemas híbridos para los días nublados o períodos nocturnos (Padonou et al., 2022; Rogelio Pérez-Padilla et al., n.d.).

En términos de diseño, las cocinas solares varían desde los modelos parabólicos simples hasta los sistemas más complejos con un seguimiento solar automatizado. La elección del diseño depende de factores como la intensidad solar del lugar, la cantidad de alimentos a cocinar y la rapidez deseada de cocción. Por ejemplo, un modelo parabólico puede ser adecuado para una familia pequeña, mientras que un sistema con seguimiento solar podría ser más conveniente para un comedor comunitario (Pradhan Shrestha et al., 2023; Vargas Morales & Perez Patiño, 2020).

Nota clave: Es importante considerar que la transición a las cocinas solares requiere no solo la disponibilidad de la tecnología, sino también una adaptación cultural y educación sobre su uso y mantenimiento. La implementación exitosa de las cocinas solares a menudo va acompañada de programas de formación y sensibilización para maximizar su adopción y eficiencia.

En una cocina solar se pueden cocinar una variedad de alimentos, lo que incluye guisos, sopas, arroces, verduras, legumbres, carnes y pescados. Estos alimentos se cocinan de manera similar a como se haría en una cocina convencional, pero utilizando la energía solar como fuente de calor en lugar del gas o la electricidad. La principal diferencia radica en el tiempo de cocción, ya que en una cocina solar el proceso puede ser más lento debido a la dependencia de la intensidad y duración de la luz solar (Khatri et al., 2021; Venier et al., 2013).

Figura 5.1 Cocción de alimentos en una cocina solar

En comparación con los alimentos cocinados en una cocina convencional, los alimentos preparados en una cocina solar pueden tener un sabor más fresco y natural debido al uso de un calor suave y constante. Además, la cocción en una cocina solar puede preservar mejor los nutrientes de los alimentos al evitar las altas temperaturas, que pueden degradar las vitaminas y los minerales. Sin embargo, la cocción en una cocina solar puede requerir un mayor tiempo de preparación y planificación debido a la necesidad de contar

 DAVID PÉREZ GRANADOS

con suficiente luz solar para completar el proceso de cocción (Joshi & Jani, 2015; Pradhan Shrestha et al., 2023).

5.1.2. Secado de frutas y vegetales

El secado de frutas y vegetales es una aplicación fundamental de las cocinas solares que permite conservar los alimentos de manera sostenible y eficiente. Este proceso, que se basa en la deshidratación de los alimentos, es una técnica ancestral que ha encontrado en las cocinas solares una solución moderna y respetuosa con el medioambiente. A continuación, se detallarán los aspectos clave de este proceso, su importancia y los beneficios que aporta a la comunidad (Hashemi et al., 2024).

Figura 5.2 Deshidratación de granos de café

El secado de frutas y vegetales en las cocinas solares es un método que aprovecha la radiación solar para eliminar la humedad de los alimentos de forma natural y sin necesidad de electricidad. Este proceso se lleva a cabo colocando los alimentos en bandejas especiales dentro de la cocina solar, donde son expuestos a la radiación solar directa y al aire caliente generado en su interior. La combinación del calor y la ventilación permite que los alimentos pierdan su contenido de agua de manera gradual, lo que preserva al máximo sus propiedades nutricionales y su sabor (Hashemi et al., 2024).

Figura 5.3 Deshidratación de plátanos

El secado de frutas y vegetales en las cocinas solares presenta una serie de ventajas significativas tanto a nivel ambiental como económico y social. En primer lugar, este método de conservación de alimentos contribuye a reducir el desperdicio alimentario al permitir la prolongación de la vida útil de las frutas y los vegetales de temporada. Además, al no requerir fuentes de energía no renovables, como la electricidad o el gas, las cocinas solares se presentan como una alternativa sostenible y de bajo coste para las comunidades con un limitado acceso a los recursos energéticos convencionales (Hashemi et al., 2024; Sagade et al., 2023).

A continuación se presenta la tabla 5.1, que compara el secado de los alimentos en las cocinas solares con otros métodos tradicionales:

Método de secado	Eficiencia energética	Coste	Impacto ambiental	Tiempo de secado
Cocinas solares	Alta	Bajo	Mínimo	Variable
Secado al Sol	Moderada	Bajo	Medio	Largo
Secado al horno	Baja	Alto	Alto	Corto

Tabla 5.1 Comparación de métodos de secado

> **Nota clave:** La eficiencia energética y el impacto ambiental son aspectos fundamentales a considerar al elegir un método de secado de alimentos.

El secado de frutas y vegetales en las cocinas solares no solo representa una forma de conservar los alimentos de manera natural y saludable, sino que también promueve la autonomía y la seguridad alimentarias en las comunidades vulnerables. Al permitir la conservación de los alimentos perecederos, este proceso contribuye a la reducción de la inseguridad alimentaria y a la diversificación de la dieta, especialmente en las zonas donde el acceso a los alimentos frescos es limitado (Hashemi et al., 2024).

5.2. Aplicaciones a gran escala

Las cocinas solares representan una solución energética sostenible que se alinea con los objetivos de desarrollo sostenible, especialmente en las comunidades rurales y zonas afectadas por los conflictos. Su implementación a gran escala puede ser un catalizador para el cambio social y económico, pues proporciona acceso a métodos de cocción seguros y ecológicos. Los programas de ayuda humanitaria pueden utilizar cocinas solares para mejorar las condiciones de vida, lo que reduce la dependencia de combustibles fósiles y disminuye la exposición al humo nocivo de las cocinas tradicionales (Kumar et al., 2022; Pradhan Shrestha et al., 2023).

En las zonas de conflicto, donde el acceso a los recursos es limitado y la infraestructura está dañada, las cocinas solares ofrecen una alternativa viable para la preparación de alimentos. Además, pueden contribuir a la pasteurización de agua asegurando la disponibilidad de agua potable, un recurso crítico en situaciones de emergencia. La implementación de las cocinas solares en estas áreas no solo aborda las necesidades inmediatas, sino que también promueve la resiliencia comunitaria y la autosuficiencia (Kumar et al., 2022).

Para garantizar la efectividad de estos programas, es esencial un enfoque holístico que incluya la formación en su instalación y mantenimiento, así como cierta educación sobre las prácticas de cocción solar. La colaboración con las organizaciones locales y los líderes comunitarios es clave para adaptar las soluciones a las necesidades específicas y asegurar la aceptación y el uso continuo de las cocinas solares. Con una planificación cuidadosa y un enfoque participativo, las cocinas solares pueden ser una herramienta poderosa para el desarrollo social y la sostenibilidad ambiental (Goyal & Muthusamy, 2023).

Nota clave: La eficiencia de las cocinas solares en los programas de ayuda humanitaria depende de la adaptabilidad del diseño a diferentes entornos y la facilidad de uso para los beneficiarios. Por lo tanto, es crucial involucrar a los usuarios finales en el proceso de diseño y selección de los modelos de cocinas solares.

5.3. Autoevaluación

5.3.1. ¿Cuál es una característica clave de las cocinas solares en comparación con las cocinas convencionales?

a) Utilizan gas natural como combustible.

b) Dependen de la electricidad para generar calor.

c) No generan emisiones nocivas durante la cocción.

d) Requieren un mantenimiento caro.

5.3.2. ¿Cuál es uno de los beneficios económicos de utilizar las cocinas solares a largo plazo?

a) Coste operativo significativamente mayor

b) Dependencia de combustibles fósiles

c) Bajo coste operativo a largo plazo

d) Necesidad de un mantenimiento constante

5.3.3. ¿Qué limita la eficacia de las cocinas solares en algunos casos?

a) La dependencia exclusiva de la luz solar

b) La falta de diseño innovador

c) La capacidad de almacenamiento de calor ilimitada

d) La ausencia de un seguimiento solar automatizado

5.3.4. ¿Cuál es un factor determinante para elegir el diseño de una cocina solar?

a) La presencia de una marca reconocida

b) La intensidad solar del lugar y la cantidad de alimentos a cocinar

c) La disponibilidad de energía eléctrica

d) La complejidad del sistema de seguimiento solar

5.3.5. ¿Qué se puede cocinar en una cocina solar según el texto?

a) Solamente alimentos líquidos.

b) Solamente alimentos de origen vegetal.

c) Una variedad de alimentos, lo que incluye guisos, sopas, arroces, verduras, carnes y pescados.

d) Solamente alimentos precalentados.

5.3.6. ¿Qué diferencia principal hay entre la cocción en una cocina solar y una convencional?

a) La cocción en una cocina solar es más rápida.

b) La cocción en una cocina solar utiliza el calor del gas.

c) La cocción en una cocina solar depende del Sol como fuente de calor.

d) La cocción en una cocina solar no es sostenible.

5.3.7. ¿Cuál es una ventaja del secado de frutas y vegetales en las cocinas solares en comparación con otros métodos?

a) Menor eficiencia energética

b) Mayor coste

c) Mayor impacto ambiental

d) Menor tiempo de secado

5.3.8. ¿Por qué el secado de frutas y vegetales en las cocinas solares es una técnica sostenible?

a) Porque utiliza la electricidad como fuente de calor.

b) Porque depende de la quema de biomasa.

c) Porque aprovecha la radiación solar y no requiere electricidad.

d) Porque utiliza el gas natural para el secado.

5.3.9. ¿Cuál es un beneficio económico y social del secado de los alimentos en las cocinas solares?

a) Aumenta el desperdicio alimentario.

b) Contribuye a la dependencia de combustibles fósiles.

c) Reducción del coste de la comida y la promoción de la seguridad alimentaria.

d) Aumento de la inseguridad alimentaria.

5.3.10. ¿Cuál es un beneficio ambiental del secado de los alimentos en las cocinas solares?

a) Mayor uso de la energía no renovable

b) Producción de más residuos

c) Reducción del desperdicio alimentario y uso de la energía renovable

d) Mayor emisión de gases de efecto invernadero

5.3.11. ¿En qué contexto las cocinas solares pueden ser especialmente útiles según el texto?

a) En zonas urbanas con acceso a la electricidad.

b) En comunidades rurales con un limitado acceso a los recursos energéticos convencionales.

c) En áreas donde no hay una necesidad de mejorar las condiciones de vida.

d) En zonas con una abundante disponibilidad de combustibles fósiles.

5.3.12. ¿Qué se requiere para garantizar la efectividad de los programas de implementación de las cocinas solares?

a) Formación en su instalación y mantenimiento.

b) Solo la colaboración con las organizaciones internacionales.

c) Uso exclusivo de las cocinas convencionales.

d) Falta de participación comunitaria.

CAPÍTULO 6
Impacto social, económico y ambiental

6.1. Beneficios sociales

Las cocinas solares representan una innovación significativa en el ámbito de las energías renovables, con efectos sociales que abarcan desde la mejora de la salud y calidad de vida hasta el empoderamiento de las mujeres y el fomento del desarrollo comunitario. Estos beneficios sociales son fundamentales para comprender el alcance positivo que las cocinas solares pueden tener en las comunidades que adopten esta tecnología sostenible (Goyal & Muthusamy, 2023).

6.1.1. Mejora de la salud y la calidad de vida

Las cocinas solares representan una tecnología renovable que, al aprovechar la energía del Sol, contribuye significativamente a la mejora de la salud y la calidad de vida de las comunidades. Este impacto positivo se manifiesta en diversas formas, entre otras, una de las más notables es la reducción de enfermedades respiratorias asociadas a la inhalación de humo de las cocinas tradicionales que utilizan la biomasa como combustible. La implementación de las cocinas solares elimina la emisión de partículas nocivas, lo que crea un ambiente doméstico más limpio y seguro (Castagnino et al., n.d.; Goyal & Muthusamy, 2023).

Además, el uso de las cocinas solares disminuye la exposición al humo tóxico, especialmente en mujeres y niños, quienes suelen ser los más afectados en el ámbito rural. Este cambio no solo mejora la salud pulmonar, sino que también contribuye a una mejor visión al evitar la irritación ocular causada por el humo. La transición a las cocinas solares también implica un menor tiempo dedicado a la recolección de leña, lo que se traduce en más oportunidades para las actividades educativas y productivas, lo que mejora la calidad de vida general (Mawire et al., 2024).

En términos de diseño y funcionamiento, las cocinas solares varían desde modelos parabólicos simples hasta sistemas más complejos con una capacidad de almacenamiento térmico. Estos últimos permiten cocinar incluso durante la noche o en días nublados, lo que demuestra la versatilidad y adaptabilidad de esta tecnología a diferentes contextos y necesidades. La eficiencia de las cocinas solares puede ser cuantificada a través de la relación entre la cantidad de energía solar recibida y la energía efectivamente utilizada para cocinar, un indicador clave de su rendimiento (Khatri et al., 2021).

Es importante destacar que, aunque la inversión inicial en una cocina solar puede ser significativa, el ahorro a largo plazo en los combustibles y los beneficios para la salud justifican su implementación. Además, existen programas de subsidios y financiación que buscan facilitar el acceso a estas tecnologías en comunidades de bajos recursos, lo que promueve una adopción más amplia (Lentswe et al., 2017).

6.2. Influencia de las mujeres en el desarrollo sostenible y en la energía solar

Las mujeres desempeñan un papel fundamental en el desarrollo sostenible y en la promoción de la energía solar como una alternativa sostenible. Al involucrar activamente a las mujeres en la adopción y promoción de las tecnologías renovables como las cocinas solares, se generan efectos positivos que van más allá del ámbito energético, lo que contribuye a la equidad de género y al fortalecimiento de las comunidades resilientes (Padonou et al., 2022; Pradhan Shrestha et al., 2023).

6.2.1. Equidad de género y desarrollo sostenible

La equidad de género y el desarrollo sostenible están estrechamente relacionados, ya que la mejora de las condiciones de las mujeres es un requisito indispensable para generar los cambios y avances en su condición. Las mujeres desempeñan un papel altruista en el desarrollo, ya que su participación permite un desarrollo sostenible que se basa en los conocimientos de los hombres y las mujeres, así como en una organización descentralizada del poder (C. Scholtus & Domato, n.d.; Hermawati et al., 2023).

Las mujeres también han contribuido a la lucha contra el cambio climático y la protección del medioambiente, lo que ha llevado a la creación de organizaciones y plataformas que promueven la equidad de género y el desarrollo sostenible. Algunas de estas organizaciones son el Observatorio de Control Iberoamericano de los Derechos de los Migrantes, el Consejo de Educación de Adultos de América Latina y la Federación Internacional de Derechos Humanos (Hermawati et al., 2023).

En la tabla 6.1 se muestran las organizaciones que promueven la equidad de género y el desarrollo sostenible:

Organización	País
Observatorio de Control Iberoamericano de los Derechos de los Migrantes	América Latina
Consejo de Educación de Adultos de América Latina	América Latina
Federación Internacional de Derechos Humanos	Internacional

Tabla 6.1 Organizaciones internacionales

La participación de las mujeres en la energía solar también ha sido importante para el desarrollo sostenible. Las mujeres han contribuido a la mejora de la calidad de vida y la salud, al igual que al ahorro en el consumo de combustible y la producción de ingresos y oportunidades en la industria solar (C. Scholtus & Domato, n.d.).

En la tabla 6.2 se muestran algunos beneficios de la energía solar:

Beneficio	Detalles
Mejora de la calidad de vida y la salud	La participación en la energía solar puede mejorar la calidad de vida y la salud de las mujeres.
Ahorro en el consumo de combustible	La participación en la energía solar puede reducir el consumo de combustible y, por lo tanto, ahorrar costes.
Producción de ingresos y oportunidades	La participación en la energía solar puede generar ingresos y oportunidades.
Impulso de la economía local	La participación impulsa la economía local.

Tabla 6.2 Beneficios generales

Para fomentar la participación de las mujeres en el desarrollo sostenible y en la energía solar, se pueden adoptar las siguientes estrategias:

- **Promoción de la conciencia y la educación:** educar a las mujeres en los beneficios de la energía solar y el desarrollo sostenible, así como en sus roles y responsabilidades en este ámbito. Esto puede incluir talleres, seminarios y cursos sobre energías renovables, así como campañas de concienciación que promuevan la participación de las mujeres en la toma de decisiones y en la implementación de proyectos de energía solar (Camey, 2020).
- **Inclusión de las mujeres en la toma de decisiones:** las mujeres deben ser incluidas en la toma de decisiones dentro de los proyectos de energía solar y de desarrollo sostenible en general. Esto puede incluir la creación de comités de mujeres en las comunidades, la

inclusión de mujeres en las organizaciones y foros relacionados con el desarrollo sostenible, y la creación de espacios para la participación de las mujeres en la toma de decisiones y en la implementación de los proyectos (Contreras et al., 2022).

- **Promoción de la equidad de género:** fomentar la equidad de género en la sociedad y en los proyectos de energía solar y desarrollo sostenible. Esto puede incluir la eliminación de las barreras que impiden la participación de las mujeres en estos ámbitos, la promoción de la igualdad de oportunidades y la creación de políticas y programas que fomenten la participación activa de las mujeres (Saldaña Tejeda, 2015).

- **Fortalecimiento de la capacidad de las mujeres:** proporcionar formación a las mujeres en los conocimientos y habilidades necesarios para participar en el desarrollo sostenible y en la energía solar. Esto puede incluir talleres y cursos sobre temas como la ingeniería, la gestión de proyectos y la planificación de la energía solar (Contreras et al., 2022).

- **Fomento de la participación de las mujeres en la economía local:** promover la participación de las mujeres en la economía local en relación con la energía solar y el desarrollo sostenible. Esto puede incluir la creación de oportunidades de empleo y negocio para las mujeres en estos ámbitos, así como la promoción de la creación de cooperativas y empresas que involucren a las mujeres (Saldaña Tejeda, 2015).

- **Aprobación de políticas y programas específicos:** crear políticas y programas específicos que fomenten la participación de las mujeres en el desarrollo sostenible y en la energía solar. Esto puede incluir la creación de fondos de financiación para proyectos que involucren a las mujeres, la creación de incentivos fiscales para la participación de las mujeres en estos ámbitos, y la creación de programas de formación específicos para las mujeres (C. Scholtus & Domato, n.d.; Contreras et al., 2022; Goyal & Muthusamy, 2023).

- **Promoción de la participación de las mujeres en la investigación y el desarrollo:** fomentar la participación de las mujeres en la investigación y el desarrollo en relación con la energía solar y el desarrollo sostenible. Esto puede incluir la creación de oportunidades de investigación y desarrollo para las mujeres, así como la promoción de la participación de las mujeres en grupos de investigación y desarrollo en estos ámbitos (C. Scholtus & Domato, n.d.).

- **Fomento de la participación de las mujeres en la política y la legislación:** promover la participación de las mujeres en la política y la legislación en relación con la energía solar y el desarrollo sostenible. Esto puede incluir la creación de espacios para la participación de las mujeres en la toma de decisiones políticas y la creación de políticas y leyes que fomenten la participación de las mujeres en estos ámbitos (Saldaña Tejeda, 2015).

- **Fomento de la participación de las mujeres en la gestión y la planificación:** promover la participación de las mujeres en la gestión y la planificación en relación con la energía solar y el desarrollo sostenible. Esto puede incluir la creación de espacios para la participación de las mujeres en la toma de decisiones y en la planificación de proyectos en estos ámbitos (Camey, 2020).

- **Fomento de la participación de las mujeres en la educación:** promover la participación de las mujeres en la educación en relación con la energía solar y el desarrollo sostenible. Esto puede incluir la creación de oportunidades de educación y formación para las mujeres en estos ámbitos, así como la promoción de la participación de las mujeres en grupos de educación y formación en estos ámbitos (Camey, 2020; Contreras et al., 2022).

6.3. Beneficios económicos

El uso de las cocinas solares en áreas rurales puede generar significativos beneficios económicos. Algunos de estos beneficios son:

- **Ahorro en el consumo de combustible:** las cocinas solares pueden reducir los costes de combustibles fósiles como la leña, la bosta y la llareta, lo que resulta en ahorros en el presupuesto familiar (Torres Muro et al., 2019b).

- **Producción de ingresos y oportunidades:** el uso de las cocinas solares puede crear oportunidades de empleo en la fabricación, instalación y mantenimiento de estas cocinas, además de la venta de combustibles alternativos (Estrada et al., 2022).

- **Impulso de la economía local:** el desarrollo y uso de las cocinas solares pueden estimular la economía local, ya que los materiales y servicios necesarios para su fabricación y mantenimiento son a menudo proporcionados por proveedores locales (Torres Muro et al., 2019b).

- **Reducción de la contaminación:** las cocinas solares pueden reducir la contaminación atmosférica causada por la combustión de los combustibles fósiles, lo que puede mejorar la calidad del aire y la salud pública (Torres Muro et al., 2019b).

- **Disminución de la deforestación:** el uso de las cocinas solares puede reducir la demanda de los combustibles forestales, lo que puede ayudar a preservar los bosques y reducir la deforestación (Jessika et al., 2022).

Es importante mencionar que la eficiencia y rendimiento de las cocinas solares pueden variar según el diseño, la ubicación y las condiciones climáticas. Además, la adopción de cocinas solares puede tener un impacto inicial más alto en las áreas rurales donde la infraestructura energética tradicional es escasa o inexistente (Saxena & Agarwal, 2018; Schindelholz et al., 2024).

6.3.1. Ahorro en el consumo de combustible

La energía solar térmica representa una de las alternativas más prometedoras dentro del espectro de las energías renovables, especialmente en lo que respecta al ahorro en el consumo de combustible. Este ahorro no solo tiene implicaciones económicas directas para los usuarios finales, sino que también contribuye significativamente a la reducción de la dependencia de las fuentes de energía no renovables y a la mitigación de los efectos ambientales asociados a su extracción y uso (Muro et al., 2012).

La implementación de tecnologías basadas en la energía solar térmica, como las cocinas solares, ha demostrado ser una estrategia eficaz para reducir el consumo de los combustibles fósiles y la biomasa en la preparación de los alimentos. Este ahorro se traduce en beneficios económicos tangibles para los hogares y comunidades, así como en una disminución de la presión sobre los recursos naturales y una reducción de las emisiones de gases de efecto invernadero (Demissie et al., 2024).

Las cocinas solares aprovechan la radiación solar para generar calor sin necesidad de combustibles convencionales como la leña, el carbón, el gas o el petróleo. La eficiencia de estas cocinas depende de varios factores, lo que incluye el diseño, los materiales utilizados y las condiciones climáticas. Sin embargo, algunos estudios han demostrado que, en condiciones óptimas, las cocinas solares pueden alcanzar temperaturas suficientes para cocinar alimentos de manera efectiva, lo que representa un ahorro significativo en el consumo de combustible tradicional (Saxena & Agarwal, 2018; Schindelholz et al., 2024).

> **Nota clave:** La eficiencia de una cocina solar puede variar significativamente según su diseño. Los modelos de caja y parabólicos son los más comunes, cada uno con sus ventajas en términos de eficiencia y el tipo de cocción que mejor realizan.

El ahorro en el consumo de combustible tiene un impacto económico directo en los hogares. La reducción en la necesidad de comprar combustibles fósiles o de invertir tiempo y esfuerzo en la recolección de biomasa puede liberar recursos económicos y humanos para otras actividades. Además, la inversión inicial en una cocina solar se amortiza a lo largo del tiempo a través del ahorro en la compra de combustibles (Torres Muro et al., 2019c).

La transición hacia el uso de las cocinas solares contribuye a la sostenibilidad y autonomía energética de las comunidades. Al reducir la dependencia de los combustibles importados o de los recursos naturales limitados, las comunidades pueden mejorar su resiliencia frente a las fluctuaciones de precios y la disponibilidad de estos recursos. Además, el uso de la energía solar térmica es una forma de democratizar el acceso a la energía al estar disponible de manera gratuita y abundante en muchas regiones del mundo (Torres Muro et al., 2019c).

> **Nota clave:** La autonomía energética no solo se refiere a la independencia respecto a fuentes de energía externas, sino también a la capacidad de una comunidad para gestionar y satisfacer sus necesidades energéticas de manera sostenible.

A pesar de los beneficios, la adopción de cocinas solares enfrenta desafíos, lo que incluye la necesidad de unas condiciones climáticas adecuadas, la curva de aprendizaje para su uso efectivo y la inversión inicial. Sin embargo, la innovación en los diseños y materiales, junto con los programas de formación y financiación, pueden superar estos obstáculos y maximizar el potencial de ahorro en el consumo de combustible (González-Avilés et al., 2013; Muro et al., 2012).

6.3.2. Producción de ingresos y oportunidades

La energía solar térmica, una de las fuentes de la energía renovable más prometedoras, ha demostrado ser una herramienta poderosa no solo en la reducción del impacto ambiental y la mejora de la calidad de vida, sino también como un catalizador para la producción de ingresos y oportunidades económicas. En particular, las cocinas solares han emergido como una tecnología clave en este aspecto ofreciendo un medio para el empoderamiento económico y el desarrollo sostenible (Torres Muro et al., 2019c).

La adopción de cocinas solares en las comunidades, especialmente en áreas rurales y regiones en desarrollo, ha abierto un abanico de posibilidades económicas. Estas van desde la creación de microempresas hasta el fomento de la innovación local, pasando por la producción de empleo y el fortalecimiento de la economía local (Goyal & Muthusamy, 2023).

Las cocinas solares, al ser herramientas que utilizan una energía gratuita y accesible, permiten a los usuarios reducir o eliminar los costes asociados con el combustible para cocinar. Este ahorro puede ser reinvertido en otras áreas, como la educación o la salud, o puede ser el capital inicial para ciertos emprendimientos. Además, la fabricación, la venta y el mantenimiento de las cocinas solares generan empleos y promueven el desarrollo de unas habilidades técnicas en la comunidad (Srinivasan & Muthukumar, 2021).

La implementación de cocinas solares ha demostrado ser un punto de partida para el desarrollo de microempresas. En las áreas donde la recolección de leña o la compra de combustibles fósiles es la norma, las cocinas solares ofrecen una alternativa que no solo es más limpia y sostenible, sino que también libera tiempo y recursos. Este tiempo y recursos pueden ser utilizados para otras actividades generadoras de ingresos, como la artesanía, la agricultura o el comercio (Torres Muro et al., 2019c).

La necesidad de adaptar las cocinas solares a las condiciones locales ha fomentado la innovación y el desarrollo de tecnologías apropiadas. Esto no solo mejora la eficiencia y la aceptación de las cocinas solares, sino que también estimula la creatividad y el espíritu empresarial en la comunidad. La personalización de las cocinas para satisfacer ciertas necesidades específicas puede llevar a la creación de patentes y modelos de negocio únicos (Sanglard et al., 2023).

La producción y distribución de cocinas solares requieren de una fuerza laboral formada. Esto ha llevado a la creación de programas de formación, no solo en la fabricación y mantenimiento de las cocinas, sino también en áreas como la gestión empresarial y el marketing. Estos programas pueden ser especialmente beneficiosos para los jóvenes y las mujeres, pues les ofrece oportunidades de empleo y desarrollo profesional (Salameh, 2014)

> **Nota clave:** La innovación tecnológica en las cocinas solares puede ser un motor para el desarrollo de una industria local especializada, con potencial para expandirse a los mercados nacionales e internacionales.

6.3.3. Impulso de la economía local

La energía solar térmica, como componente de las energías renovables, ha cobrado un papel significativo en el impulso de la economía local en España. Este país, con su abundante radiación solar, ha establecido un marco propicio para el desarrollo y la integración de esta tecnología en el tejido económico local, lo que ha generado un efecto multiplicador en diversas áreas económicas (Pablo-Romero et al., 2013).

La integración de la energía solar térmica en la economía local española se manifiesta en varios aspectos, desde la creación de empleo hasta el fortalecimiento de la industria local y el fomento de la innovación tecnológica (Romero-Ramos et al., 2023).

La instalación y mantenimiento de los sistemas de energía solar térmica generan empleo directo e indirecto. Los empleos directos están relacionados con la fabricación, instalación y mantenimiento de los sistemas, mientras que los empleos indirectos se crean en los sectores auxiliares, como la fabricación de componentes y la provisión de servicios (Larreana & Ibarrola, 2023; Srinivasan & Muthukumar, 2021).

> **Nota clave:** La creación de empleo en el sector de la energía solar térmica no solo se limita a la fase de instalación, sino que se extiende a lo largo de toda la vida útil del sistema, lo que incluye las operaciones de mantenimiento y actualización tecnológica.

La demanda de sistemas de energía solar térmica ha incentivado el desarrollo de una industria local especializada. Esto incluye la fabricación de colectores solares, acumuladores de calor, sistemas de control y otros componentes necesarios para la instalación de estos sistemas (Sagaria et al., 2024).

La energía solar térmica ha servido como catalizador para la innovación tecnológica. La necesidad de mejorar la eficiencia y reducir los costes ha llevado a la investigación y desarrollo de nuevos materiales y tecnologías, como los sistemas de control y monitorización telemática de bajo coste (González Valero, 2018).

> **Nota clave:** La innovación tecnológica en el sector solar térmico no solo mejora la competitividad de las empresas locales, sino que también contribuye a la sostenibilidad y eficiencia energética.

La implementación de proyectos de energía solar térmica requiere de infraestructuras y servicios adecuados, como redes de distribución y plataformas de gestión energética. Esto implica una inversión en capital que beneficia a la economía local y mejora la calidad de los servicios energéticos (González Valero, 2018).

6.4. Autoevaluación

6.4.1. ¿Cuáles son algunos de los beneficios sociales asociados con las cocinas solares?

a) Mejora de la salud y calidad de vida

b) Incremento de la contaminación ambiental

c) Aumento de las enfermedades respiratorias

d) Aumento del tiempo dedicado a la recolección de leña

6.4.2. ¿Qué papel desempeñan las mujeres en el desarrollo sostenible y la promoción de la energía solar?

a) No tienen ningún papel relevante.

b) Contribuyen únicamente a la contaminación ambiental.

c) Son fundamentales para la promoción de la energía solar y la equidad de género.

d) Solo se involucran en las actividades domésticas.

6.4.3. ¿Cuál es uno de los beneficios económicos asociados con el uso de las cocinas solares?

a) Aumento del consumo de combustible

b) Reducción de la contaminación atmosférica

c) Aumento de la deforestación

d) Incremento de la dependencia de combustibles fósiles

6.4.4. ¿Qué estrategia se puede utilizar para fomentar la participación de las mujeres en el desarrollo sostenible y la energía solar?

a) Excluir a las mujeres de la toma de decisiones.

b) Promover la conciencia y la educación sobre la energía solar.

c) Restringir el acceso de las mujeres a la formación.

d) No considerar la equidad de género en los proyectos.

6.4.5. ¿Cuál es uno de los efectos económicos directos del ahorro en el consumo de combustible gracias a las cocinas solares?

a) Reducción de los recursos económicos y humanos para otras actividades

b) Aumento de la dependencia de los combustibles importados

c) Liberación de los recursos económicos y humanos para otras actividades

d) Incremento de la inversión inicial en los combustibles fósiles

6.4.6. ¿Qué efecto tiene la implementación de proyectos de energía solar térmica en la economía local?

a) Reducción del empleo directo e indirecto

b) Disminución de la innovación tecnológica

c) Estimulación del desarrollo de una industria local especializada

d) Incremento de la contaminación ambiental

SOLUCIONARIO AUTOEVALUACIÓN

2.7.1. c) La energía electromagnética emitida por el Sol.

2.7.2. c) Energía solar térmica.

2.7.3. b) Una medida del tiempo basada en la posición del Sol en el cielo local.

2.7.4. c) La latitud, la altitud, la estación del año y las condiciones climáticas locales.

2.7.5. b) La intermitencia de la radiación solar.

2.7.6. c) Conversión de la energía solar en energía térmica.

2.7.7. d) Se utiliza una fórmula que considera la masa de la comida, el calor específico y el cambio de temperatura deseado.

2.7.8. d) Utilizar materiales con alta absortividad y emisividad.

2.7.9. c) La radiación que llega a la Tierra después de ser dispersada por las moléculas o partículas en la atmósfera.

2.7.10. a) Dispersión de Rayleigh.

2.7.11. d) La potencia térmica se calcula como la radiación solar incidente multiplicada por el área de la superficie que la absorbe.

2.7.12. d) Orientar la cocina solar hacia el Sol para maximizar la captación de energía.

3.6.1. b) Pueden alcanzar temperaturas superiores a los 200 °C.

3.6.2. b) Cocinas solares indirectas.

3.6.3. d) Un reflector.

3.6.4. c) Pueden funcionar en condiciones de baja radiación solar.

3.6.5. c) Usar recipientes más grandes que la cantidad de alimentos.

3.6.6. b) La cantidad máxima de alimentos que puede cocinar.

3.6.7. c) Menor coste operativo y de mantenimiento.

3.6.8. c) Reducen el consumo de leña.

3.6.9. c) Reducen las emisiones de gases de efecto invernadero.

4.3.1. b) La ubicación y orientación adecuadas.

4.3.2. d) Luz solar directa durante la mayor parte del día.

4.3.3. b) Utilizar brújulas solares o aplicaciones móviles especializadas.

4.3.4. a) La hora del día.

4.3.5. c) Disposición estratégica de los componentes.

4.3.6. d) Daños durante el funcionamiento.

4.3.7. b) Para evitar accidentes y asegurar un funcionamiento óptimo.

4.3.8. b) Realizar inspecciones regulares de los componentes.

5.3.1. c) No generan emisiones nocivas durante la cocción.

5.3.2. c) Bajo coste operativo a largo plazo.

5.3.3. a) La dependencia exclusiva de la luz solar.

5.3.4. b) La intensidad solar del lugar y la cantidad de alimentos a cocinar.

5.3.5. c) Una variedad de alimentos, lo que incluye guisos, sopas, arroces, verduras, carnes y pescados.

5.3.6. c) La cocción en una cocina solar depende del Sol como fuente de calor.

5.3.7. d) Menor tiempo de secado.

5.3.8. c) Porque aprovecha la radiación solar y no requiere electricidad.

5.3.9. c) Reducción del coste de la comida y promoción de la seguridad alimentaria.

5.3.10. c) Reducción del desperdicio alimentario y uso de la energía renovable.

5.3.11. b) En comunidades rurales con un limitado acceso a los recursos energéticos convencionales.

5.3.12. a) Formación en instalación y mantenimiento.

6.4.1.   a) Mejora de la salud y calidad de vida.

6.4.2. c) Son fundamentales para la promoción de la energía solar y la equidad de género.

6.4.3. b) Reducción de la contaminación atmosférica.

6.4.4. b) Promover la conciencia y la educación sobre la energía solar.

6.4.5. c) Liberación de los recursos económicos y humanos para otras actividades

6.4.6. c) Estimulación del desarrollo de una industria local especializada.

GLOSARIO

Cocina convencional

Equipo de cocina que depende de la combustión de gas, electricidad o biomasa para generar calor y cocinar alimentos.

Cocinas solares

Dispositivos que utilizan la energía del Sol para cocinar alimentos, calentar agua o esterilizar utensilios, lo que ofrece una alternativa ecológica, económica y saludable a los combustibles fósiles o la leña. Además, pueden mejorar la calidad de vida en áreas rurales o aisladas donde el acceso a la electricidad o gas es limitado o caro.

Cocinas solares de concentración

Utilizan espejos o reflectores parabólicos para concentrar los rayos solares en un punto o línea, donde se coloca el recipiente con los alimentos.

Cocinas solares de invernadero

Aprovechan el efecto invernadero para atrapar el calor dentro de una cámara transparente, donde se coloca la comida.

Cocinas solares directas

Exponen directamente los alimentos a la radiación solar sin necesidad de otros medios.

Cocinas solares híbridas

Combinan la energía solar con otra fuente de energía, como la electricidad, el gas o la biomasa.

Cocinas solares indirectas

Utilizan un concentrador solar para captar y dirigir la radiación solar hacia un receptor, donde se coloca la comida a cocinar.

Conducción

Mecanismo de transferencia de calor a través del contacto directo entre dos materiales. Se produce, por ejemplo, cuando el calor del colector solar se transfiere al recipiente que contiene la comida en una cocina solar.

Convección

Mecanismo de transferencia de calor por movimiento de un fluido. En una cocina solar, se produce cuando el aire caliente dentro del colector solar se eleva y transfiere calor a la comida.

Consumo de energía en el hogar

El consumo de energía en el hogar se refiere a la cantidad de energía utilizada por los hogares para sus diversas actividades, como la cocción de alimentos, la iluminación o la calefacción, entre otros.

Deforestación

La deforestación es el proceso de eliminación de bosques y su transformación en otro uso de la tierra, como la agricultura, la urbanización o la extracción de recursos naturales.

Degradación ambiental

La degradación ambiental se refiere al deterioro de la calidad del medioambiente, lo que incluye la contaminación del aire, suelo y agua, la pérdida de biodiversidad y la degradación de los ecosistemas.

Eficiencia energética

Medida de la capacidad de un sistema para convertir la energía recibida en la forma deseada de energía de salida, en este caso, la conversión de la energía solar en calor para cocinar alimentos de manera eficiente.

Energías renovables

Las energías renovables son fuentes de energía que se regeneran naturalmente y son virtualmente inagotables, como la energía solar, la eólica, la hidroeléctrica, la geotérmica y la biomasa.

Energía solar

Energía proveniente del Sol que puede ser aprovechada para diversas aplicaciones, como la cocción de alimentos, a través de tecnologías solares.

Energía solar térmica

Forma de energía solar activa que utiliza la radiación solar para generar calor en lugar de electricidad. Se emplea en dispositivos como las cocinas solares para la cocción de los alimentos.

Impacto ambiental

El impacto ambiental se refiere a las consecuencias negativas que una actividad humana o un proyecto tienen sobre el medioambiente, lo que incluye la contaminación, la degradación de los recursos naturales y la pérdida de biodiversidad.

Inspección

Evaluación regular de los componentes estructurales de la cocina solar para detectar posibles daños o puntos débiles que puedan afectar a su funcionamiento.

Montaje

Proceso de ensamblaje y disposición de los componentes de una cocina solar asegurando su correcta instalación y funcionamiento.

Potencia térmica

Tasa a la que se transfiere la energía térmica. En las cocinas solares, se refiere a la cantidad de energía solar que se convierte en calor y se utiliza para cocinar. Se calcula considerando la radiación solar incidente y el área de la superficie que la absorbe.

Radiación

Transferencia de calor por ondas electromagnéticas. En las cocinas solares, la energía solar se transfiere a la comida mediante radiación cuando incide en el colector solar.

Radiación solar

Energía electromagnética emitida por el Sol y que llega a la superficie terrestre. Se clasifica en radiación solar directa, radiación solar difusa y radiación solar reflejada.

Radiación solar directa

Radiación que llega a la superficie terrestre sin sufrir dispersión por las partículas atmosféricas. Es utilizada en los sistemas de energía solar térmica para generar calor.

Radiación solar difusa

Radiación que llega a la superficie terrestre después de ser dispersada por las moléculas o partículas en la atmósfera. Contribuye al calentamiento del ambiente.

Radiación solar reflejada

Radiación que proviene de la interacción de la radiación solar incidente con la superficie terrestre o las nubes. Puede ser aprovechada para mejorar el rendimiento de los sistemas de captación solar.

Secado de alimentos

Proceso de deshidratación de frutas y vegetales que permite conservarlos de manera sostenible y prolongar su vida útil.

Sistemas híbridos

Sistemas que combinan diferentes fuentes de energía, como la solar y la biomasa, para garantizar un suministro continuo de energía en unas condiciones climáticas variables.

Sostenibilidad ambiental

La sostenibilidad ambiental se refiere a la capacidad de satisfacer las necesidades actuales de la sociedad sin comprometer la capacidad de las generaciones futuras para satisfacer sus propias necesidades, por lo que se mantiene el equilibrio con los recursos naturales y los sistemas ecológicos.

REFERENCIAS

Alvarado Machuca, S. V. (2018). *Consumo de leña en México: hábitos de uso, problemática asociada y alternativas sostenibles de solución.* https://www.researchgate.net/publication/331100897_Consumo_de_lena_en_Mexico_habitos_de_uso_problematica_asociada_y_alternativas_sostenibles_de_solucion

Amillo, A. G., Huld, T., & Müller, R. (2014). A new database of global and direct solar radiation using the eastern meteosat satellite, models and validation. *Remote Sensing, 6(9),* 8165–8189. https://doi.org/10.3390/RS6098165

Anderson, T. W., & Darling, D. A. (1952). Asymptotic theory of certain «goodness of fit» criteria based on stochastic processes. *The Annals of Mathematical Statistics, 23(2),* 193–212. https://doi.org/10.1214/AOMS/1177729437

Apaza Condori, A. M. (2023). *Propuesta de viabilidad para la implementación de un Sistema Solar Fotovoltaico On-Grid en la Facultad de Ingeniería de la UMSA.* http://repositorio.umsa.bo/xmlui/handle/123456789/34305

Asiaín Fernández, M. (2017). *Estudio y revisión crítica de diseño de la planta solar termoeléctrica Solacor 1.*

Aurora, C., & Larocca, M. (2022). Sustentabilidad Energética: un panorama en la industria petrolera global. *LOGINN Investigación Científica y Tecnológica*, 6(1), 2590–7441. https://doi.org/10.23850/25907441.4741

Babar, B., Graversen, R., & Boström, T. (2019). Solar radiation estimation at high latitudes: Assessment of the CMSAF databases, ASR and ERA5. *Solar Energy*, 182, 397–411. https://doi.org/10.1016/J.SOLENER.2019.02.058

Belmonte, S., Caso, R., & Fernández, C. (2013). Experiencia de fabricación de cocinas solares por una cooperativa de trabajo en Salta. *Avances en Energías Renovables y Medio Ambiente - AVERMA*, 17, 9–19. http://170.210.203.22/index.php/averma/article/view/2085

Bhatia, S. C. (2014). Solar thermal energy. *Advanced Renewable Energy Systems*, 94–143. https://doi.org/10.1016/B978-1-78242-269-3.50004-8

Bustíos, C., Murtina, M., & Arroyo, R. (2019). *Deterioration of environmental quality and health in Peru today*. http://www.redalyc.org/articulo.oa?id=203128542001

C. Scholtus, S., & Domato, O. (n.d.). *El rol protagónico de la mujer en el desarrollo sustentable de la comunidad*. Retrieved March 23, 2024, from https://www.redalyc.org/pdf/4676/467646130001.pdf

Camey, A. N. F. (2020). *La importancia de la participación de las mujeres del municipio de Chimaltenango y sus efectos en el desarrollo humano local*.

Cárdenas Reyes, S. F. (2023). *Estudio de factibilidad dirigida a la implementación de paneles solares para proveer energía a una casa promedio del cantón paján*. http://repositorio.unesum.edu.ec/handle/53000/5922

Casanova Velásquez, L. M. (2022). *Implementación de la norma ISO 19867-1:2018 para la determinación de eficiencia energética, emisiones y material particulado por combustión en cocinas mejoradas en el centro de pruebas de cocinas del IIDEPROQ.* http://repositorio.umsa.bo/xmlui/handle/123456789/30882

Castagnino, A. M., Marina Castro, M., & Aequo, E. (n.d.). Suculentas comestibles: Una alternativa para una nutrición saludable, en el Km 0. *Horticultura Argentina, 42*(109), 1851–9342. Retrieved March 23, 2024, from https://www.horticulturaar.com.ar/es/articulos/suculentas-comestibles-una-alternativa-para-una-nutricion-saludable-en-el-km-0.html

Chavez Yujra, B. M. (2019). *Estudio del rendimiento energético de una cocina solar tipo caja en base al modelado y simulación de la transferencia de calor. Caso Cocina Inti Illimani.* http://repositorio.umsa.bo/xmlui/handle/123456789/32467

Chen, Z., Dehmer, M., & Shi, Y. (2014). A note on distance-based graph entropies. *Entropy, 16*(10), 5416–5427. https://doi.org/10.3390/E16105416

Cifuentes, C. R., Directora, D., Seminario De Título, D., Isabel, B., & Gallardo, B. (2023). «*Efectos socioambientales de la Industria del Hidrógeno Verde en Chile: Una revisión crítica en la implementación de proyectos sobre la Región de Antofagasta y Magallanes*». https://repositorio.uchile.cl/handle/2250/196482

De Posgrado, E., De, U., De, P., De, L. F., & De Mecánica, I. (2023). *Diseño de cocina solar aplicando AMEF para reducir riesgos a través de la determinación de prioridad de acciones.* http://repositorio.uncp.edu.pe/handle/20.500.12894/9117

Demissie, T. N., Tomassetti, S., Paciarotti, C., Muccioli, M., Di Nicola, G., & Ruivo, C. R. (2024). Experimental characterization of a foldable solar cooker with a trapezoidal cooking chamber and adjustable reflectors. *Energy for Sustainable Development, 79,* 101409. https://doi.org/10.1016/J.ESD.2024.101409

Durand, M., Murchie, E. H., Lindfors, A. V., Urban, O., Aphalo, P. J., & Robson, T. M. (2021). Diffuse solar radiation and canopy photosynthesis in a changing environment. *Agricultural and Forest Meteorology*, *311*, 108684. https://doi.org/10.1016/J.AGRFORMET.2021.108684

Estrada, U. Q., Aguirre, J. S., Machado, M. M., Romaña, C. M., & Beleño, L. C. V. (2022). Beneficios económicos de la energía renovable en Colombia. *Administración & Desarrollo*, *52*(2), 171–183. https://doi.org/10.22431/25005227.VOL52N2.9

Gil Hueso, G. A. (2023). *Estudio y diseño de un sistema solar de bombeo de agua para zonas rurales de la Guajira colombiana.* Universidad de los Andes. https://hdl.handle.net/1992/73379

González Valero, A. (2018). Desarrollo de un kit de control y monitorización telemática de bajo coste para sistemas de energía solar térmica en multivivienda. *TDX (Tesis Doctorals en Xarxa).* https://doi.org/10.5821/DISSERTATION-2117-327404

González-Avilés, M., López-Sosa, L. B., Servín-Campuzano, H., & Pérez, D. (2013). *Desarrollo, implementación y apropiación de cocinas solares para el medio rural en Michoacán: Una alternativa energética para la conservación de recursos forestales maderables (Development, implementation and appropriation of solar cookers for rural areas in Michoacán: An alternative energy for con).*

Gorjian, A., Rahmati, E., Gorjian, S., Anand, A., & Jathar, L. D. (2022). A comprehensive study of research and development in concentrating solar cookers (CSCs): Design considerations, recent advancements, and economics. *Solar Energy*, *245*, 80–107. https://doi.org/10.1016/J.SOLENER.2022.08.066

Goyal, R. K., & Muthusamy, E. (2023). Social, environmental and economic assessment of box-type solar cookers for domestic acceptance in India. *Materials Today: Proceedings*, *90*, 15–18. https://doi.org/10.1016/J.MATPR.2023.03.740

Guillet, G., Gaspar, J., Barbosa, S., Fasquelle, T., & Kadoch, B. (2024). Experimental evaluation of the concentrated solar heat flux distribution provided by an 8 m2 Scheffler reflector. *Renewable Energy*, *223*, 119958. https://doi.org/10.1016/J.RENENE.2024.119958

Gupta, P. K., Misal, A., & Agrawal, S. (2021). Development of low cost reflective panel solar cooker. *Materials Today: Proceedings*, *45*, 3010–3013. https://doi.org/10.1016/J.MATPR.2020.12.004

Hanif, M. A., Nadeem, F., Tariq, R., & Rashid, U. (2022a). Solar thermal energy and photovoltaic systems. *Renewable and Alternative Energy Resources*, 171–261. https://doi.org/10.1016/B978-0-12-818150-8.00007-1

Hanif, M. A., Nadeem, F., Tariq, R., & Rashid, U. (2022b). Solar thermal energy and photovoltaic systems. *Renewable and Alternative Energy Resources*, 171–261. https://doi.org/10.1016/B978-0-12-818150-8.00007-1

Hashemi, S. F., Pourfallah, M., & Gholinia, M. (2024). Thermal performance enhancement in an indirect solar greenhouse dryer using helical fin under variable solar irradiation. *Solar Energy*, *267*, 112217. https://doi.org/10.1016/J.SOLENER.2023.112217

Hermawati, W., Ririh, K. R., Ariyani, L., Helmi, R. L., & Rosaira, I. (2023). Sustainable and green energy development to support women's empowerment in rural areas of Indonesia: Case of micro-hydro power implementation. *Energy for Sustainable Development*, *73*, 218–231. https://doi.org/10.1016/J.ESD.2023.02.001

Horacio, M., Polanco, F., Pimentel, H. G., Nacional, U., Henríquez Ureña, P., Domingo, S., & Dominicana, R. (2023). Análisis de los retos y oportunidades de RD para cumplir con la agenda 2030, enfoque en energía sostenible. *Entrópico Arquitectura y Urbanismo*, *1*, 1. https://doi.org/10.33413/EAU.2023.239

Huamani Guisado, F. W. (2023). *Estudio comparativo de las propiedades físico-mecánicas y de conductividad térmica del adobe estabilizado con*

hilos de bolsas de plástico reciclados tipo camiseta respecto al adobe
tradicional en el distrito de Caicay- provincia de Paucartambo, 2022.
http://repositorio.uandina.edu.pe/handle/20.500.12557/5872

Indora, S., & Kandpal, T. C. (2018). Institutional and community solar cooking
in India using SK-23 and Scheffler solar cookers: A financial appraisal.
Renewable   Energy,   120,   501–511.
https://doi.org/10.1016/J.RENENE.2018.01.004

Jessika, I., Moreno, X., Yuri, C. I., & Castillo, A. (2022). *Deforestación en*
parques nacionales naturales. Fundación Universitaria Los Libertadores.
Sede Bogotá. http://hdl.handle.net/11371/4911

Joshi, S. B., & Jani, A. R. (2015). Design, development and testing of a small
scale   hybrid   solar   cooker. *Solar   Energy,   122,   148–155.*
https://doi.org/10.1016/J.SOLENER.2015.08.025

Khatri, R., Goyal, R., & Sharma, R. K. (2021). Advances in the developments
of solar cooker for sustainable development: A comprehensive review.
Renewable   and   Sustainable   Energy   Reviews,   145,   111166.
https://doi.org/10.1016/J.RSER.2021.111166

Kumar, A., Saxena, A., Pandey, S. D., & Joshi, S. K. (2022). Design and
performance characteristics of a solar box cooker with phase change
material: A feasibility study for Uttarakhand region, India. *Applied*
Thermal   Engineering,   208,   118196.
https://doi.org/10.1016/J.APPLTHERMALENG.2022.118196

Larreana, C. D., & Ibarrola, C. (2023). Optimización de la captación de energía
solar mediante un sistema de seguimiento solar. *Anais Do Congresso*
Latino-Americano de Software Livre e Tecnologias Abertas (Latinoware),
182–185. https://doi.org/10.5753/LATINOWARE.2023.236539

Las, ", Renovables, E., El, E. N., Celia, H. ", & Bravo, R. (2023). *Las energías*
renovables en el hogar. https://uvadoc.uva.es/handle/10324/63694

Leandro Valencia-Bautista, E. I., Miguel Farfán-Bone III, J., Alejandro Arboleda-Cheres, I. V, Joel Angulo-Guerrero, R. I., Joa Verá-Lozano, C. I., & Joel Orobio-Arboleda, T. V. (2022). Una revisión del suministro de energía renovable y las tecnologías de eficiencia energética. *Polo Del Conocimiento: Revista Científico - Profesional, ISSN-e 2550-682X, Vol. 7, N.º 4 (Abril 2022), 7*(4), 83. https://doi.org/10.23857/pc.v7i4.3934

Lentswe, K., Mawire, A., Owusu, P., & Shobo, A. (2017). *A review of parabolic solar cookers with thermal energy storage.* https://doi.org/10.1016/j.heliyon.2021.e08226

López Montero, J. J. (2023). *Energía renovable y crecimiento económico en el Ecuador.* http://dspace.unach.edu.ec/handle/51000/11441

Magán Domínguez, A. (2018). *Proyectar a nivel energético.*

Martín, R. S., Quiñonez, W., LoPrete, D. V., & Rossi, P. V. (2023). Radiación infrarroja y efecto invernadero. *Terrae Didatica, 19,* e023004. https://doi.org/10.20396/TD.V19I00.8671534

Mawire, A., Abedigamba, O. P., & Worall, M. (2024). Experimental comparison of a DC PV cooker and a parabolic dish solar cooker under variable solar radiation conditions. *Case Studies in Thermal Engineering, 54,* 103976. https://doi.org/10.1016/J.CSITE.2024.103976

Mealla, L. E., Naranjo, J. A., Pacheco, J. P., Redondo, J. D., & Zuluaga, D. P. (2015). Eficiencia de diferentes modelos de cocinas solares evaluadas bajo condiciones ambientales de la costa caribe colombiana. *Prospectiva, 13*(2), 72–80. https://doi.org/10.15665/RP.V13I2.489

Méndez-Balderrama, M., Contreras-Paniagua, A. D., Quizán-Plata, T., Ballesteros-Vásquez, M. N., Grijalva-Haro, M. I., & Ortega-Vélez, M. I. (2023). Tendencias en el consumo de alimentos de niños escolares sonorenses durante el período 2010 a 2018. *Estudios Sociales. Revista de Alimentación Contemporánea y Desarrollo Regional.* https://doi.org/10.24836/ES.V33I61.1270

Contreras, R. S., Diana, D., & Andrade, E. S. (2022). Participación social en el ordenamiento territorial sustentable. *Ciencia Latina Revista Científica Multidisciplinar*, 6(3), 3153–3175. https://doi.org/10.37811/CL_RCM.V6I3.2454

Monja Cuesta, C. (2023). El tiempo en el bolsillo: el cuadrante solar equinoccial. *La Pieza del Mes, 2019: Artículos de Investigación*, 2023, pp. 30–42. https://dialnet.unirioja.es/servlet/articulo?codigo=9051458&info=res umen&idioma=SPA

Müller, R., & Pfeifroth, U. (2022). Remote sensing of solar surface radiation-a reflection of concepts, applications and input data based on experience with the effective cloud albedo. *Atmospheric Measurement Techniques*, 15(5), 1537–1561. https://doi.org/10.5194/AMT-15-1537-2022

Muro, H. A. T., Paredes, J. N. A., & Bravo, C. A. P. (2012). Evaluación de impacto ambiental producido por el uso de cocinas tradicionales en el área de conservación regional Vilacota-Maure de la región Tacna. *Informador Técnico*, 76, 13–13. https://doi.org/10.23850/22565035.25

Pablo-Romero, M. P., Sánchez-Braza, A., & Pérez, M. (2013). Incentives to promote solar thermal energy in Spain. *Renewable and Sustainable Energy Reviews*, 22, 198–208. https://doi.org/10.1016/J.RSER.2013.01.034

Padonou, E. A., Akabassi, G. C., Akakpo, B. A., & Sinsin, B. (2022). Importance of solar cookers in women's daily lives: A review. *Energy for Sustainable Development*, 70, 466–474. https://doi.org/10.1016/J.ESD.2022.08.015

Pandey, A. K., R., R. K., & Samykano, M. (2022). Solar energy: direct and indirect methods to harvest usable energy. *Dye-Sensitized Solar Cells*, 1–24. https://doi.org/10.1016/B978-0-12-818206-2.00007-4

Pérez-Vallejo, H. N., Contreras-Ruiz, M. A., & Ibanez, J. G. (2022). Distance learning: an interdisciplinary experiment on Rayleigh scattering. *Chemistry Teacher International*, *4*(2), 185–190. https://doi.org/10.1515/CTI-2022-0006/MACHINEREADABLECITATION/RIS

Pradhan Shrestha, R., Jirakiattikul, S., & Shrestha, M. (2023). «Electricity is result of my good deeds»: An analysis of the benefit of rural electrification from the women's perspective in rural Nepal. *Energy Research & Social Science*, *105*, 103268. https://doi.org/10.1016/J.ERSS.2023.103268

Rogelio Pérez-Padilla, J., Regalado-Pineda, J., & Morán-Mendoza, A. O. (n.d.). *La inhalación doméstica del humo de leña y otros materiales biológicos. Un riesgo para el desarrollo de enfermedades respiratorias.*

Romero-Ramos, J. A., Gil, J. D., Cardemil, J. M., Escobar, R. A., Arias, I., & Pérez-García, M. (2023). A GIS-AHP approach for determining the potential of solar energy to meet the thermal demand in southeastern Spain productive enclaves. *Renewable and Sustainable Energy Reviews*, *176*, 113205. https://doi.org/10.1016/J.RSER.2023.113205

Ruiz Rodríguez, J. M. (2023). *Transmisión del calor: estudio del enfriamiento de los cuerpos usando una impresora 3D y una cámara infrarroja.* https://idus.us.es/handle/11441/152543

Sagade, N. A., Sagade, A. A., Tawfik, M. A., & Saxena, A. (2023). Ensuring self-sustainability in decentralized communities through solar cookers combined with food dryers. *Solar Energy*, *260*, 83–93. https://doi.org/10.1016/J.SOLENER.2023.06.003

Sagaria, S., van der Kam, M., & Boström, T. (2024). Conceptualization of a vehicle-to-grid assisted nation-wide renewable energy system – A case study with Spain. *Energy Conversion and Management: X*, *22*, 100545. https://doi.org/10.1016/J.ECMX.2024.100545

Sakthivadivel, D., Balaji, K., Dsilva Winfred Rufuss, D., Iniyan, S., & Suganthi, L. (2021). Solar energy technologies: principles and applications. *Renewable-Energy-Driven Future: Technologies, Modelling, Applications, Sustainability and Policies*, 3–42. https://doi.org/10.1016/B978-0-12-820539-6.00001-7

Salameh, Z. (2014). Emerging Renewable Energy Sources. *Renewable Energy System Design*, 299–371. https://doi.org/10.1016/B978-0-12-374991-8.00005-2

Saldaña Tejeda, A. (2015). Ecofeminismo, mujeres y desarrollo sustentable: el caso de la Sierra de Santa Rosa en Guanajuato. *Región y Sociedad*, 27(62). https://doi.org/10.22198/RYS.2015.62.A38

Sanglard, B., Lachaize, S., Carrey, J., & Tiruta-Barna, L. (2023). Life cycle assessment of a parabolic solar cooker and comparison with conventional cooking appliances. *Sustainable Production and Consumption*, 42, 211–233. https://doi.org/10.1016/J.SPC.2023.09.018

Saxena, A., & Agarwal, N. (2018). Performance characteristics of a new hybrid solar cooker with air duct. *Solar Energy*, 159, 628–637. https://doi.org/10.1016/J.SOLENER.2017.11.043

Schindelholz, R., Notzon, D., Chaciga, J., Julia, O., Ongaro, C., Dutheil, J., Burnier, L., Manwani, K., Fleury, J., Kwarikunda, N., & Schüler, A. (2024). Performances studies of a basket-based solar cooker for humanitarian aid in Uganda. *Solar Energy*, 268, 112272. https://doi.org/10.1016/J.SOLENER.2023.112272

Singh, O. K. (2021). Development of a solar cooking system suitable for indoor cooking and its exergy and enviroeconomic analyses. *Solar Energy*, 217, 223–234. https://doi.org/10.1016/J.SOLENER.2021.02.007

Srinivasan, G., & Muthukumar, P. (2021). A review on solar greenhouse dryer: Design, thermal modelling, energy, economic and environmental aspects. *Solar Energy*, 229, 3–21. https://doi.org/10.1016/J.SOLENER.2021.04.058

Torres Muro, H., Polo Bravo, C., & Milla Taco, B. (2019a). Perspectiva ambiental de las cocinas solares en la zona altoandina de Tacna. *Ciencia & Desarrollo*, 0(8), 31–35. https://doi.org/10.33326/26176033.2004.8.144

Vanessa, K., & Castillo, E. (2023). *Capacidad aeróbica y pulmonar en personas expuestas a humo de biomasa, en la parroquia Angochagua, Ibarra 2022-2023.* http://repositorio.utn.edu.ec/handle/123456789/13930

Vargas Morales, O. M., & Perez Patiño, D. S. (2020). *Diseño de estufa para optimización del calor y enfoque de emisiones producto de la quema de madera, en zona rural de Convención, norte de Santander.* https://repository.unad.edu.co/handle/10596/34465

Venier, F., Marchesi, J., Zizzias, J., & Lucchini, J. (2013). *Enseñanza de energía solar en escuelas de nivel medio: Concepciones de los alumnos sobre radiación solar y aplicaciones tecnológicas en cocinas solares, destiladores y calentadores de agua.*

Whiteside, M., & Herndon, J. M. (n.d.). *Unequivocal detection of solar ultraviolet radiation 250-300 nm (uv-c) at Earth's surface.* https://doi.org/10.14738/aivp.112.14429

Yaneth, C., Vargas, V., Arias, P. A., Profesora Titular, G., Externa, A., Durán, A. M., & Profesora, Q. (2023). *Relaciones entre cambio climático y género: una revisión de literatura del contexto global, regional y nacional.* https://bibliotecadigital.udea.edu.co/handle/10495/35526

Zeballos Paz, I. (2015). *Purificación del agua por condensación provocada por calentador automático seguidor solar con supervisión de Mini-Scada Fast-Tools.* Universidad Católica de Santa María. https://repositorio.ucsm.edu.pe/handle/20.500.12920/3033